惊险至极的科学

冲破数学困境

24个死里逃生的实验

【美】肖恩·康诺利(Sean Connolly) 著
江春莲 冯 琳 鲁 磊 译

上海科技教育出版社

目录

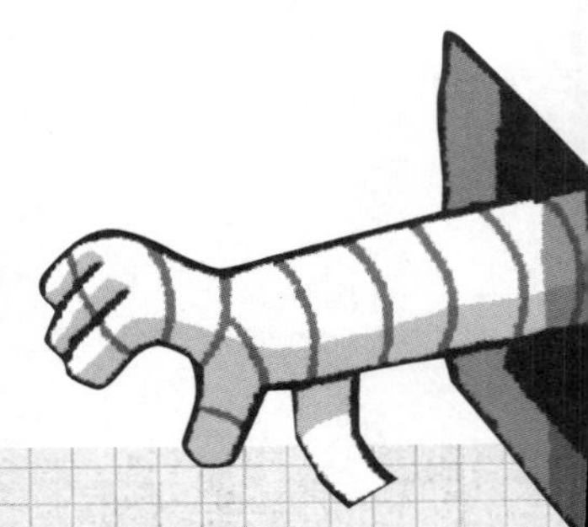

100
90
80

高级挑战

序 言

《冲破数学困境》这本书让你伤脑筋了，对吗？读完这本书，你就会发现其困境所在。在沉船残骸中，你水肺里的氧气持续减少；在急速行驶的列车上，你与国际间谍斗智斗勇；你的朋友正关在一栋即将被摧毁的大厦某处；吸血鬼即将接管整个城市；还有被致命毒蜘蛛狠狠地咬伤等等。

这些困境都很惊险，而且它们还有两个共同之处。一是运用一些基本的数学工具就可以找到问题的解决办法，二是你被选定为找到那些数学工具并用它们来解决问题的人！

这本书包含了24个挑战,这些挑战将带你进入一个数学课程与现实生活互相碰撞的奇妙世界。当然,如果你拿20元钱去买两瓶汽水和一个蛋筒冰激凌,你肯定知道要找回多少零钱。但是,这本书中的挑战将把你拖离舒适的生活,扔进一个危机四伏的世界。就像你每次付款或者为朋友们分比萨时那样,你必须把你所知的数学技能调集起来……只是这一次的风险比较大,而且大很多。

这本书中的每一个挑战都会让你如坐针毡。你会面临一些棘手的，甚至生死攸关的问题，这些问题需要快速得到解决。要找到这些问题的答案，你必须调用你所有的数学技能。那些每天在数学课堂中学到的技能与概念在此时会有不一样的意义——它们是你的存活手段！

与美国《共同核心州立标准》中五、六、七三个年级的数学标准相一致，挑战中的问题可依你存活机会的大小分为三个不同的难度水平，依次是“你可能活下来（五年级）”，“你几乎不行了（六年级）”，以及“你死定了（七年级）”。每个问题的“存活手段”会给出一些提示，告诉你需要使用哪些数学工具来帮你渡过难关。

也许你能快速找到相应的数学工具解决问题。如果不行，你可以向欧几里得求助，他是最伟大的数学家之一。每一个挑战都包含一个“欧几里得的建议”，它会帮助你找到正确的思路。你可以把欧几里得想象成一个愿意偷偷给你提示的益友。

接下来是“答案”，或者至少是我们得到答案的方法。数学问题常常可以用不同的方法解决，而且大多需要一系列的步骤，所以你可以把我们提供的解答看作通向目的地的许多道路中的一条。在这里，你会发现，所有数学思想就像在数学课堂上那样一起涌现，只不过是在一个新的、刺激的环境中。

每一个挑战都以“数学实验室”作为结束，它会一步一步地教你如何将那些数学原理（解决问题的方法）运用到实际之中。你前面面对的挑战是非常惊险的，而在数学实验室里就该轻松一下了。不要一看到“实验室”这几个字，你就想到各种特殊器材。数学实验室的活动可以让你检验和揭示数学原理，但使用的都是你能轻易找到的简单材料，例如沙子、冰激凌、篮球、硬纸板、松果、玉米片。

那些散布在书中的“脑力锻炼”呢？它们通过诙谐的方式告诉你，可以用数学做一些很酷的事情！对本书的解释已经够多了。该是你解决这些惊险问题的时候了。现在就开始吧！

初级挑战

第1关

存活机会：你可能活下来

存活手段：运算和代数思维

死　　因：大刀片

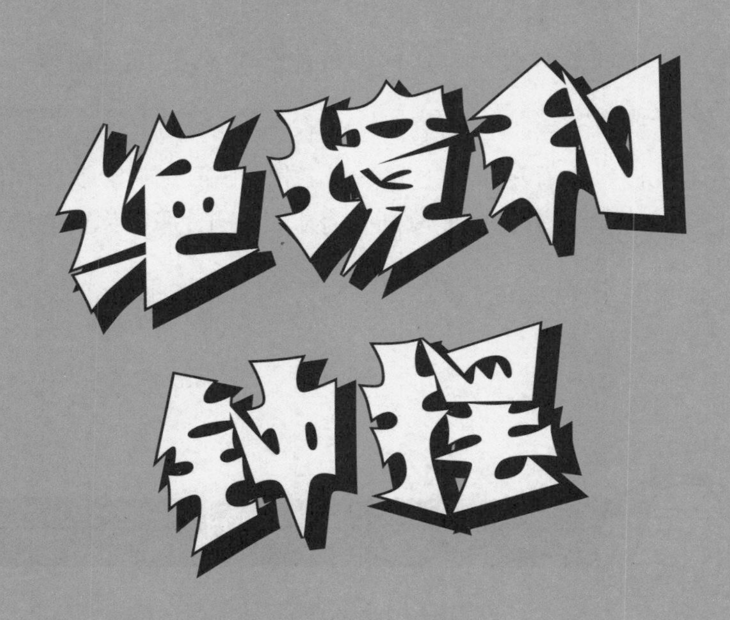

挑战

时间回到1714年，你在一个黑暗的西班牙监狱里。你醒了过来，发现自己被人用绳子绑在一张桌子上。黑暗中，你听见很规则的嗖嗖声——好像有什么东西在一来一回、一来一回地摆动着。终于，你的眼睛适应了黑暗，你发现这声音来自一把锋利的大刀片！这把大刀片就固定在你身体上方的长钟摆末端，随着钟摆来回摆动着。每摆过一次，它就下降一点，离你的胸口也更近一点。

你注意到，大刀片每摆过一次正好需要7秒。而每次摆动后，大刀片就下降1英寸（约2.5厘米）。上一次摆过时，大刀片正好在你的胸部上方15英寸（约38厘米）。没有多久，大刀片就会降下来把你切成两半。

你应该尖叫着呼救吗？这样做可能会唤来守卫，而他会一剑就把你当场解决了。

不过且慢！你看见手臂上有一只老鼠，它正在啃啮捆住你的绳子。实际上，它还需要1分钟就能咬断你身上的绳子，那时你就能脱身了。

老鼠咬断绳子是在大刀片从你胸部切下去之前还是之后呢？你到底需要多少时间来脱身？

欧几里得的建议

你有解决这个问题所需的所有信息。基本上，这是老鼠和钟摆下的大刀片之间的一场竞速比赛！

- 你知道老鼠咬断绳子需要的时间。
- 你知道大刀片要下降多少才能切到你，还知道它每次摆动下降的高度及花费的时间。

工作单

答案

老鼠会在钟摆下的大刀片切到你的胸部之前45秒咬断绳子。

解答步骤：

1. 老鼠需要 1 分钟（60 秒）咬断绳子。

2. 大刀片在你胸部上方 15 英寸，它每次摆动会下降 1 英寸。它需要摆动多少次才会切到你呢？用大刀片每次摆动下降的高度（1 英寸）去除它在你上方的高度（15 英寸）：

15 ÷ 1 = 15（次）。

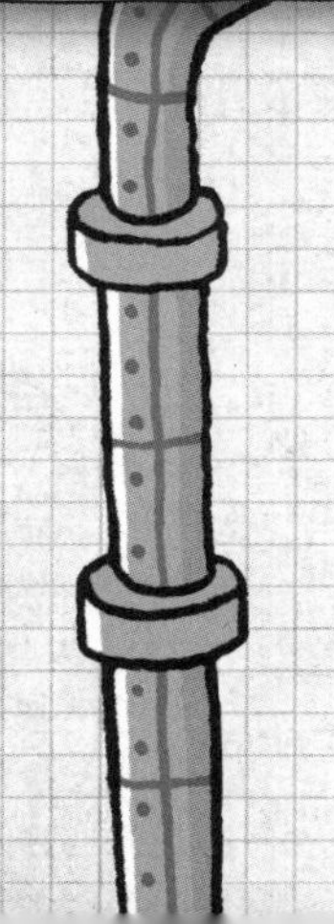

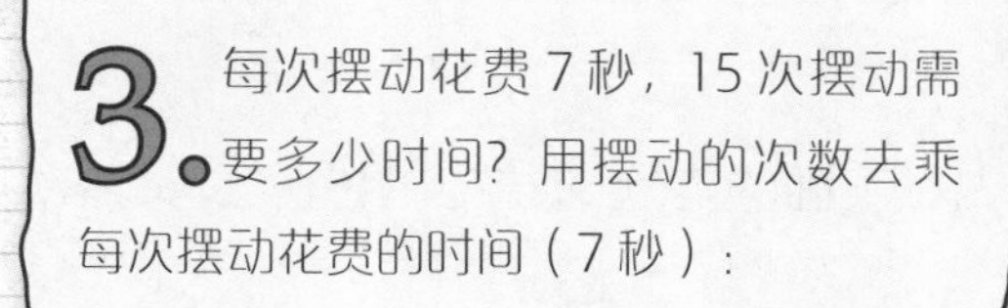

3. 每次摆动花费 7 秒，15 次摆动需要多少时间？用摆动的次数去乘每次摆动花费的时间（7 秒）：

$$7 \times 15 = 105（秒）。$$

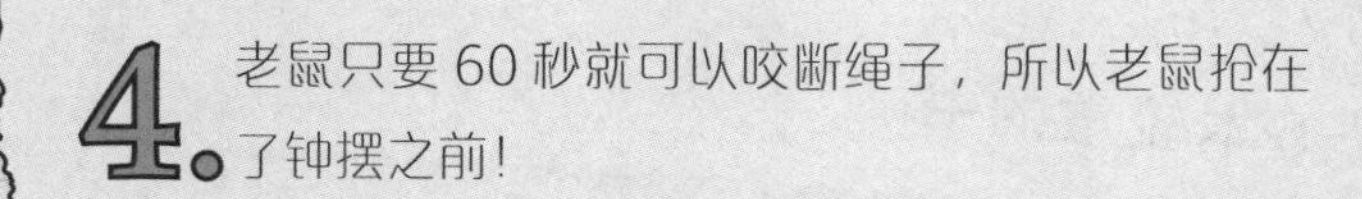

4. 老鼠只要 60 秒就可以咬断绳子，所以老鼠抢在了钟摆之前！

5. 求出大刀片切到你的胸部前你可以用来脱身的时间，用前面求得的较长的时间（钟摆的 105 秒）减去较短的时间（老鼠的 60 秒）：

$$105 - 60 = 45（秒）。$$

你有 45 秒时间可以脱身！

呵呵！你被老鼠救了。

数学实验室

试着做做下面的实验，你就会明白摆及其运动规律了。

实验器材

- 90厘米长的绳子
- 钥匙
- 剪刀
- 4~5本较重的书
- 至少75厘米高的桌子
- 尺
- 可以计秒的表

实验步骤

1. 拿起 90 厘米长的绳子和那把钥匙。

2. 将绳子一端穿过钥匙孔并绕回来打一个结。

3. 将结外多余的绳子剪掉，将结移到钥匙正上方的中央，让钥匙笔直向下挂着。

4. 将书堆在桌子上，并将绳子的另一端压在书底下。

5. 量一量绳子垂下来那一段（你的摆）的长度，做一些调整，使得从桌子边缘到钥匙底端有 60

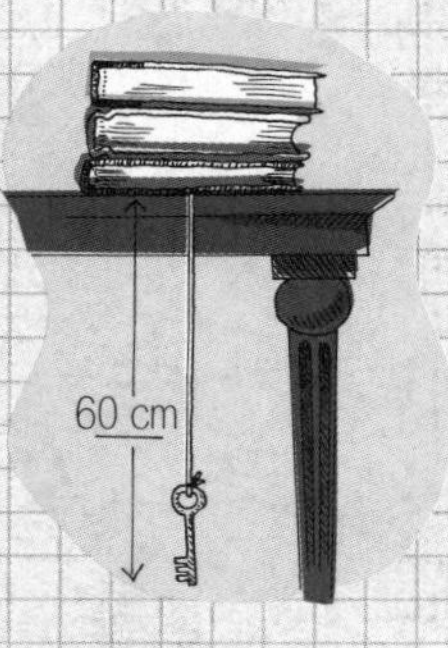

厘米长。把绳子从书底下抽出一些或往里塞进一些，使摆降低或升高。

6. 现在将摆向右边拉起约 30 厘米，使它与桌沿在同一平面，松开后，记录它在 1 分钟内通过中心的次数。

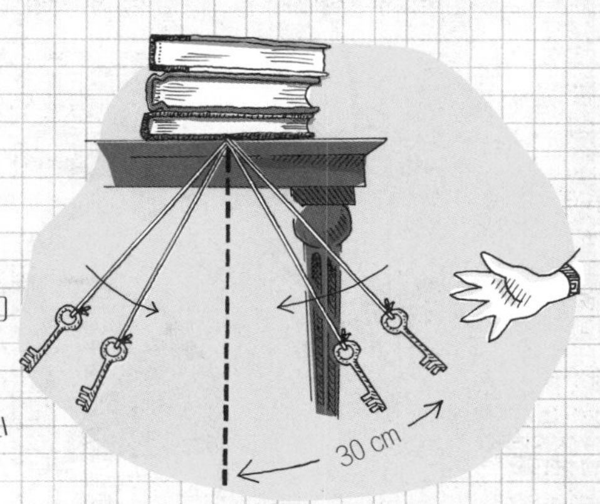

7. 让摆停下来，将它向右边拉起约 15 厘米，使它与桌沿在同一平面，再次松开，记录它在 1 分钟内通过中心的次数。

8. 调整压在书底下的绳子，使垂下来的摆长改变为 45 厘米。

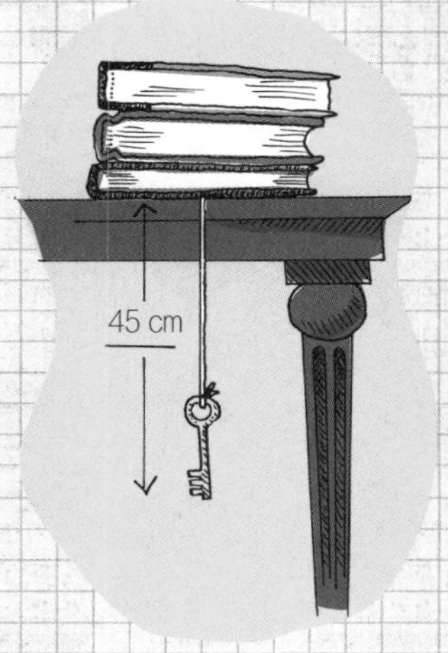

9. 重复步骤 6 和 7。

10. 当你改变绳长时，发生了什么情况？你的实验结果说明了摆运动的什么特性？

解答：不管摆的摆幅有多大，给定长度的摆（此实验中是 60 厘米或 45 厘米）在给定时间（此实验中是 1 分钟）内摆动的次数是相同的。其摆动的次数只受摆长的影响。

1/10
1/8
+
60
15
30
45
$90
×3
= 1/16
PEPPER
AVENU
Lunch

第2关

存活机会：你可能活下来

存活手段：分数、相等性

死　　因：解雇

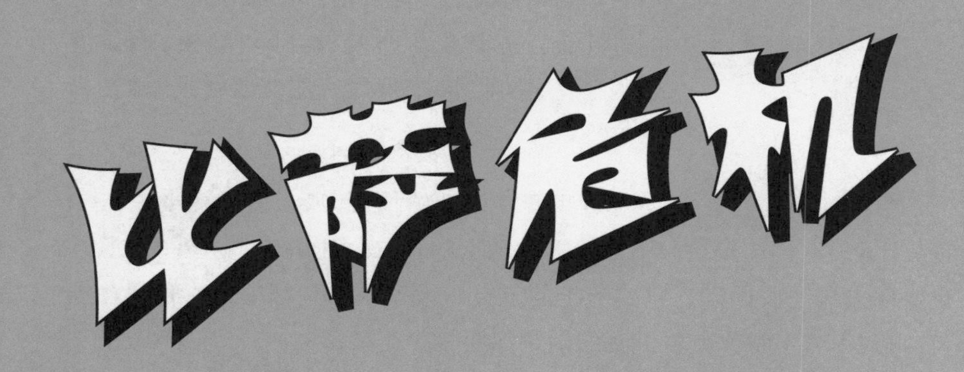

挑战

今天是你在《T台》杂志社工作的第一天，你的梦想终于实现了！你从低级的编辑助理开始做起，还有好长的一段路要走，但只要你足够勤奋，耐心等待，也许有一天你会飞到米兰或巴黎去看最新的时装系列。

但这对你来说还是一个白日梦。当前，你只是《T台》杂志资深编辑迪费罗女士的助手，听说迪费罗女士是工作中的女强人。人们传说设计师、摄影师、前台接待和编辑助理等看见她都怕得要命，有时会被她骂

比萨配料

我们习惯了从一大堆配料中挑选一些喜欢的加到比萨上，不管是厚比萨还是薄脆比萨。可意大利人经常做更简单的选择，比如只选芝士加番茄或一些甜椒片。

得狗血淋头。你不会明白为什么你的前任只坚持了一天就不干了。

你正站在编辑部外面，门开了，有人叫住了你："迪费罗女士找你，马上！"

编辑部里，一群人正挤在那张最大的桌子边开会。你认出了时装设计师、超模、两位流行歌手、摄影师等，当然还有迪费罗女士，她正直视着你。

"好了，听好了！半小时后我们就要开始拍摄，所以我们先要吃点午餐。比萨，这样比较快。下面第七大道上的Da Noi比萨店不送外卖，所以我要你去买一些回来。只要芝士的就行。大家是不是都很饿？我现在点名，叫到你名字时你就告诉我的助手你要多少比萨。"

"斯卡拉双胞胎？"

"每人一块。"

"美编部？"

"两个比萨。"

"吉诺？"

"半个比萨。"

"文字编辑？"

"我们分享一个比萨。"

"阿图罗？"

"三块。"

"斯蒂夫，我们可靠的司机？"

"一,一个比萨。"

"我就要一块,"迪费罗女士说。她递给你一沓钞票后打发你离开,"他们只收现金。快去快回!"

在乘电梯下去的时候,你数了一下现金,刚好90美元。这些钱够吗?万一不够,你手头没有自带的现金可用,而且你没有时间去再拿点钱。

到了Da Noi比萨店,你踮着脚观察别的顾客。每个比萨都被切成12块,无一例外。在你前面的那个人买了两个比萨,付了正好36美元。

轮到你了!你带的钱够吗?你明天还能有这份工作吗?

欧几里得的建议

你需要知道两件事情:一是每个比萨多少钱,二是一个比萨分成多少块。

- **第一件事情很简单:你知道两个比萨要多少钱。**
- **第二件事情也不难:你知道Da Noi的比萨都被切成12块。**
- **现在你需要把大家叫的块数加起来,看看能拼成多少个完整的比萨。**
- **然后将这些"拼起来的比萨"个数与其他人叫的完整的比萨个数合在一起,看一共需要买多少个比萨。**

工作单

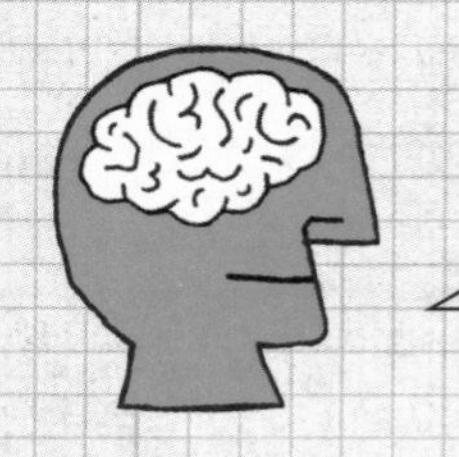

答案

你带的钱刚刚好，因为你需要买5个比萨，一共花费90美元。

解答步骤：

1. 先计算你需要买的比萨个数。还记得吧，一个比萨有12块，所以你可以把一块比萨当作 $\frac{1}{12}$ 个比萨。先把完整的比萨个数列出来。

美编部	2个比萨
文字编辑	1个比萨
司机斯蒂夫	1个比萨
合计	4个比萨

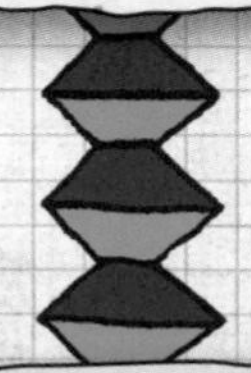

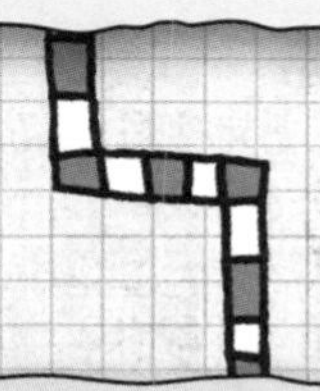

2. 现在把比萨块数列出来。

斯卡拉双胞胎	2块（$\frac{2}{12}$）
吉诺	6块（$\frac{6}{12}$）
阿图罗	3块（$\frac{3}{12}$）
迪费罗女士	1块（$\frac{1}{12}$）

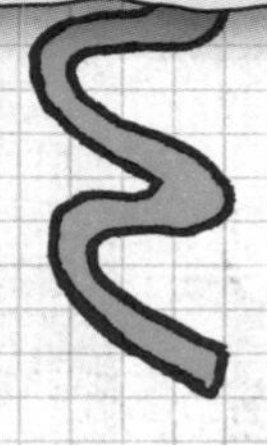

3. 把这些块数加起来:

$$\frac{2}{12}+\frac{6}{12}+\frac{3}{12}+\frac{1}{12}=1,$$

合计 1 个比萨。

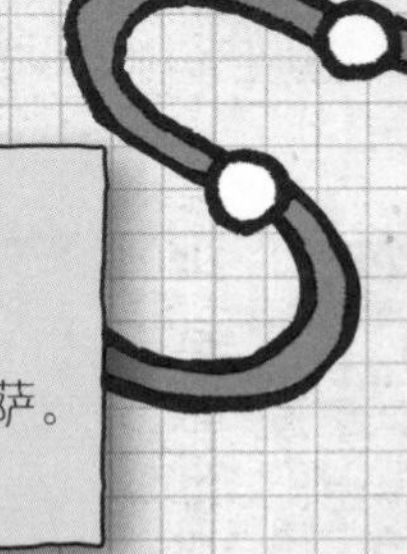

4. 4 + 1 = 5（个），

就是说，你需要买 5 个比萨。

5. 最后，计算你带的钱是否足够买 5 个比萨。两个比萨 36 美元，

$$36 \div 2 = 18\text{（美元）},$$

$$18 \times 5 = 90\text{（美元）}。$$

就是说，5 个比萨刚好 90 美元。你带的钱正好给编辑部其他人买午餐。就这样了。

数学实验室

当你要买类似比萨的东西时，计算具体需要多少常常会把人搞糊涂。多大算“大的”？多小算“小的”？多少个小的可以拼成一个大的？两个小比萨和一个大比萨，哪种更划算？如果你知道比萨的直径，你就能用圆的面积公式算出来。有时结果会让你大吃一惊。

在今天的实验中，你会发现：即便每个小比萨的宽度都超过大比萨宽度的一半，两个小比萨的面积仍然可能比一个大比萨的小。你可以将圆半径的平方乘以一个特别的数 π（约等于 3.14）来算出一个圆的面积。π 是圆周率，表示每个圆的周长和直径的比，它是一个常数。

实验器材

- 3张A4尺寸的彩色硬纸板（2张蓝色、1张红色）
- 铅笔
- 圆规
- 剪刀

实验步骤

1. 将一张蓝色的硬纸板放在桌子上，用圆规画出一个半径为 5 厘米的圆。

2. 剪下这个圆，放在一旁待用。

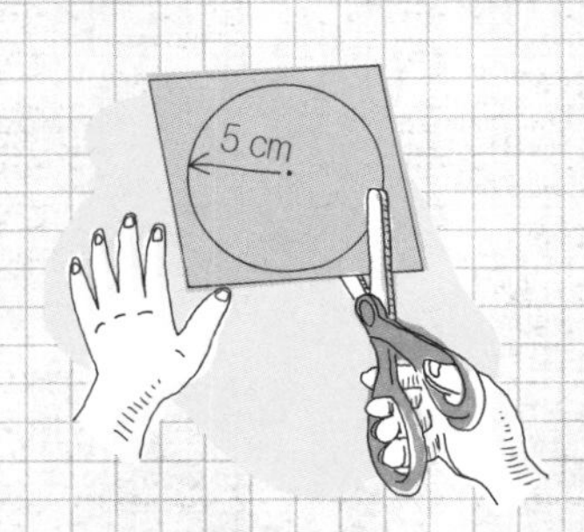

3. 对另外一张蓝色的硬纸板，重复前面的步骤 1 和步骤 2。

4. 拿出红色的硬纸板，用圆规画出一个半径为 7.5 厘米的圆。

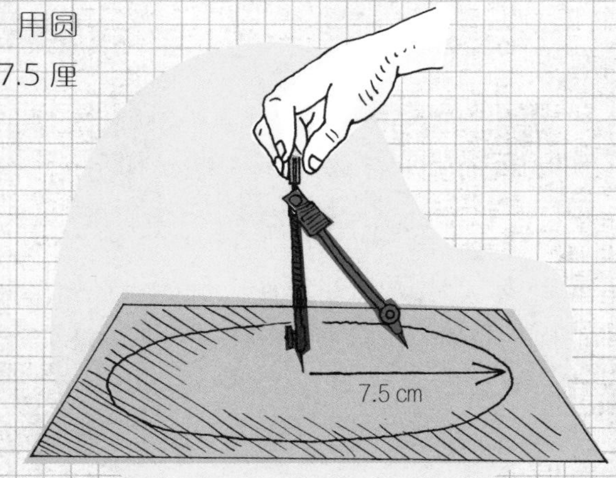

5. 剪下这个圆。

6. 试着将两个蓝色的圆不重叠地放在红色的大圆里面。你可以将蓝色的圆剪成小片，把它们不重叠地放在露出红色的地方。

7. 当你把蓝色的圆全部剪开，并把它们不重叠地覆盖到红色的圆上时，你会发现还有一些红色露着。这就证明了大圆的面积比两个小圆加起来的面积还要大。

8. 当然，你可以用学过的数学知识来比较它们的面积，而不把时间浪费在剪剪拼拼上。圆的面积公式是：

$$A = \pi r^2。$$

红色大圆（半径为 7.5 厘米）的面积是：

$$\pi \times 7.5^2 = 3.14 \times 56.25 = 176.625\text{（平方厘米）。}$$

单个蓝色小圆的面积是：

$$\pi \times 5^2 = 3.14 \times 25 = 78.5\text{（平方厘米）。}$$

这个值的 2 倍就是 157 平方厘米，仍然比红色大圆的面积要小。

003
022
42
X450
Y789
ZONE
B

第3关

存活机会：你可能活下来

存活手段：十进制数及其运算

死　　因：激光

挑战

“你已经进入B区，这一区域仅对持有官方证件的人开放。证件识别失败，隔离措施启动。”

发生什么事了？你正骑着山地自行车，和你的小伙伴贾斯敏比赛，你以为找到了一条通过峡谷边的工业园的捷径。突然，你面前出现了一个机器人的全息图，而你被激光束包围了。

“真好玩，贾斯敏！”你叫嚷着。“挪开那些激光束吧。”

“证件识别失败，隔离措施启动。请输入密码。”

“我是特纳。抱歉，我对识别和密码什么的完全不知道。”

“无法识别‘我是特纳’。启动提问过关模式。特纳，你同意通过回答一个问题获得放行吗？”

“是的，什么都行！”

“确定。听好了，问题是：你有100万美元，你每秒钟花掉50美分。需要多少天你才能花完这些钱？请四舍五入到最接近的整数。限时2分钟，计时开始！”

伴随着这声“开始”，一个空苏打水罐头被击中，消失得无影无踪。时间紧迫。

如果每秒钟花掉50美分，需要多少天你才能花完100万美元？结果必须四舍五入到最接近的整数。

欧几里得的建议

你需要通过时间单位的转换（从秒到天）找到思路，这是你解决问题的途径。

记下你知道的一切东西。

- **速率是每秒50美分。**
- **由这个速率，你可以算出1分钟花的钱数，进而算出每小时花的钱数和每天花的钱数。**
- **记得将得到的结果四舍五入到最接近的整数。**

工作单

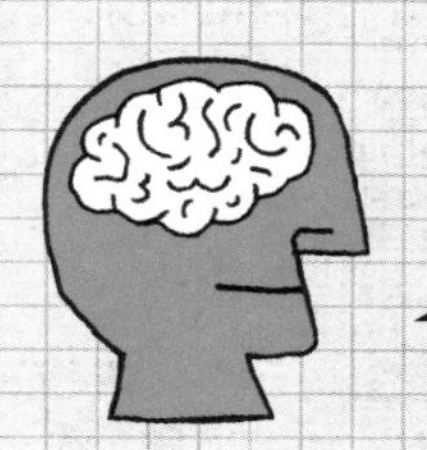

答案

你需要约23天花完100万美元。

解答步骤：

1. 你知道速率是每秒 50 美分，首先，计算出 1 分钟花的钱数。将 0.50 美元乘以 60 秒：

$$0.50 \times 60 = 30(\text{美元})。$$

2. 接着求出 1 小时花的钱数。将 30 美元乘以 60 分钟：

$$30 \times 60 = 1800(\text{美元})。$$

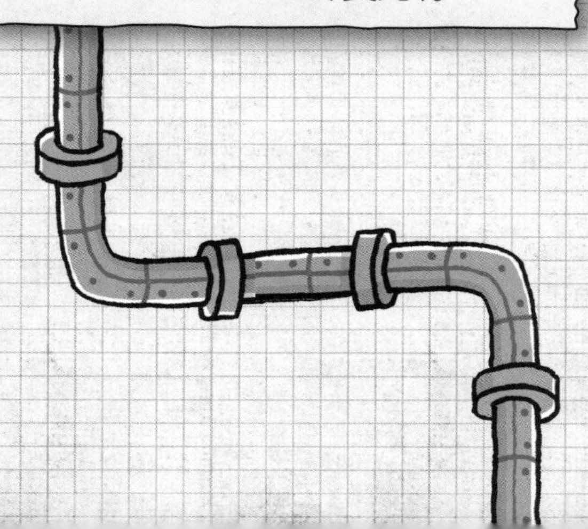

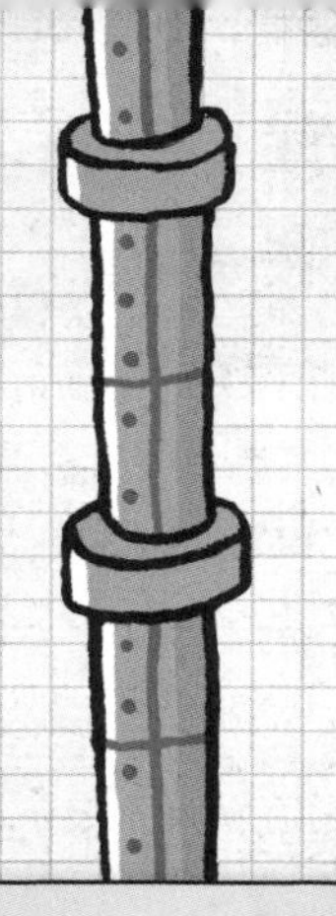

3. 然后求出 1 天花的钱数。将 1800 美元乘以 24 小时：

$$1800 \times 24 = 43\,200\text{（美元）。}$$

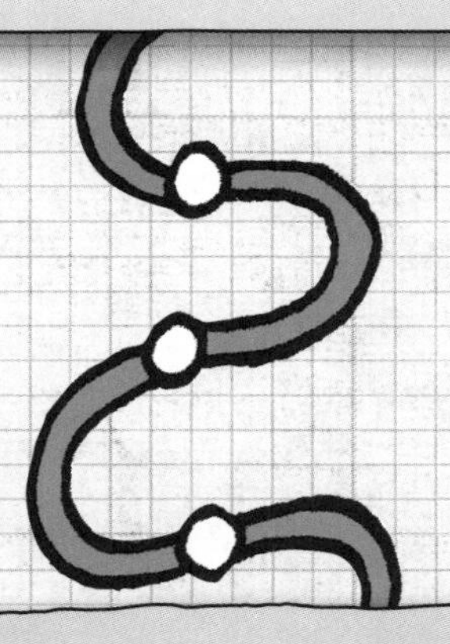

4. 至此，你知道你一天可以花掉 43 200 美元，你可以求出要花掉 100 万美元需要的天数了。将 1 000 000 除以 43 200：

$$1\,000\,000 \div 43\,200 = 23.\dot{1}4\dot{8}\text{（天）。}$$

也就是说，你需要 23 天多一点点来花掉 100 万美元。因为机器人要求你将得到的结果四舍五入到最接近的整数，所以答案是 23 天。

数学实验室

你和你的朋友们可以在厨房里用软心糖豆来模拟如何积累起100万元，甚至是10亿元。实际上，你还可以用别的东西，如玉米片、弹珠等来代表钱。主要的事情在于确定每个物体代表多少钱，以及你能多快地将这些物体从房间的一端移到另一端。

在一个大房间里，或者干脆在室外，可以让这个游戏达到很好的效果。

实验器材

- 1个大盆
- 3个塑料杯
- （足够装满半个盆的）软心糖豆、玉米片或弹珠等
- 你的朋友（至少另外有1人）
- 手表或其他计时器

实验步骤

1. 将糖豆装满半个大盆。

2. 将盆子放在房间地面的一端。

3. 将3个杯子并排挨着放在房间地面的另一端（至少离盆子15步远）。

4. 让某个人负责计时，要计三次，每次1分钟。

5. 让第一个人站在空杯子这边，听到“开始”后，他／她要以固定的速度走到盆子那里，取1颗糖豆，然后走回，放到第一个杯子里。

6. 重复取糖豆、放糖豆的动作，直到1分钟计时结束。

7. 让这个人重复步骤5和步骤6，将糖豆装进第二个杯子，然后是第三个杯子。

8. 求出平均每个杯子里有多少颗糖豆，这就是平均每分钟能积累起的糖豆数。

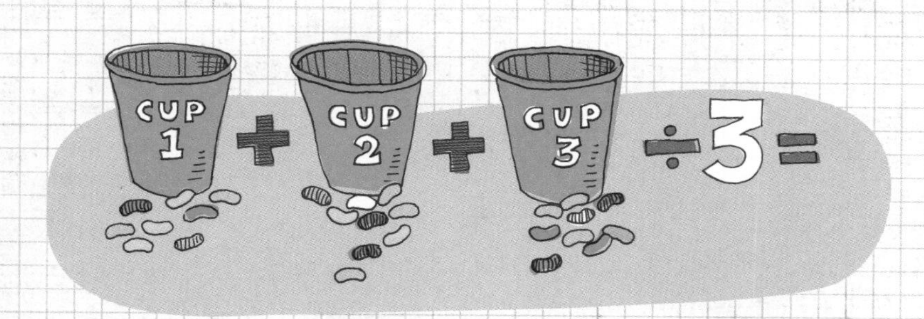

9. 让每个人重复步骤 5 到步骤 8。

10. 现在假设每颗糖豆值 10 元，如果每个人只要愿意就能够一直不停地积累这价值 10 元的糖豆，那么每个人需要多久才可以积累起 100 万元的糖豆?

11. 你可以求出他们成为百万富翁所需要的时间吗?

解答: 求杯子里糖豆的平均数：先数出每个杯子里的糖豆颗数，将这些数加在一起，再除以 3。这样可求得平均每分钟积累的糖豆颗数。要求出每个人要多久可以积累起 100 万元，或者是 10 亿元，可以采用前面“花掉 100 万”挑战中的方法。

巧算乘以11

每个人都知道一个整数乘以10的简便法则，就是在它后面加个“0”。所以34×10是340，46×10是460。但你知道如何算出任何一个两位数（如34）与11的乘积吗？

下面是计算方法。不要在这个数的末尾加什么东西（如0），而是在两个数字的中间加一个东西。首先你想象把原先的两个数字分开，在中间留个空白，于是34变成3__4。

然后，你把这个两位数中的两个数加起来，并将结果填进你刚才留出的空白里。因为3 + 4 = 7，将7填进空白里，得到374。这恰好是34×11的结果！

请记住一件事，如果两个数的和超过9，你可以把该和的个位数填进空白，然后把其十位数加到百位上去。

试试46×11吧。首先，将46分开，得到4__6。然后做加法：4 + 6 = 10。

接着，把10的个位数“0”填到空白里，把十位数“1”加到百位上。得到的结果是506，这恰是46×11的结果。

当我们写出46×11的竖式时，你就会明白为什么这个简便方法是可行的了。

$$
\begin{array}{r}
46 \\
\times 11 \\
\hline
46 \\
46 \\
\hline
506
\end{array}
$$

3Qt
5Qt

第4关

存活机会：你可能活下来

存活手段：数量推理和抽象推理

死　　因：恼火的父母

挑战

“让我想一想。我们需要3颗癞蛤蟆眼珠子，27根象毛，1盎司（约29.6毫升）龙血，少量红辣椒，1颗虎牙，13株四叶草，还有正好1加仑（约3.8升）的水。最好快一点，不然你会后悔的！”

当大女巫命令你离开学校去采办隐身药水原料的时候，她的话不停地在你耳边回响。

你可不能搞砸了！大女巫已经恐吓过你，在你的悬浮咒语失灵后要开除你——这会使教室里桌椅什么的再也不能附在天花板上了。

你走向几英里外小镇上的神秘物品商店，买齐了所有的原料，接着来到了水井边。哦，完了！你匆忙冲出校门时忘了带加仑桶！你需要取正好1加仑的水，不能多也不能少，否则隐身药水不会起效。你不能被学校开除。你父母会发疯的！应该有办法的……等等！水井旁边挂着两只水桶。一只刚好能装3夸脱水，另一只刚好能装5夸脱水。除了这两个标记外，水桶上没有别的刻度了。

1加仑等于4夸脱，你能想出一系列的操作，利用这两只水桶恰好取走1加仑的水吗？

欧几里得的建议

这个问题需要一些逻辑思考。你需要取走刚好1加仑（4夸脱）的水。

- 你可能会想，将3夸脱的小水桶装$\frac{2}{3}$，5夸脱的大水桶装$\frac{2}{5}$就可以了，但是这两只水桶都没有刻度，所以你没法准确量出$\frac{2}{3}$或$\frac{2}{5}$桶水。
- 同样地，你没法得到这两个水桶的部分容量的其他组合，也不能直接估量出大水桶的$\frac{4}{5}$（就是4夸脱）。
- 答案只能是用大水桶装4夸脱的水。
- 你可以准确地量出3夸脱的水，所以问题是怎样量出另外的1夸脱。
- 有时，我们需要逆推：倒掉一些水可能会让你得到答案。

工作单

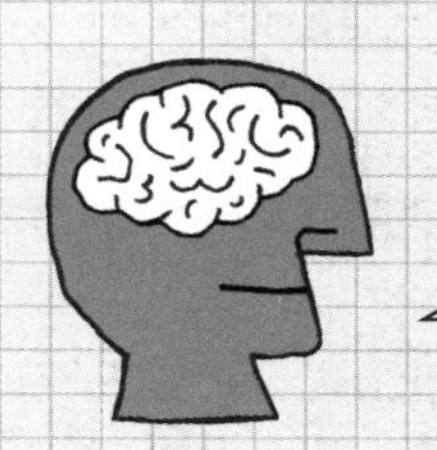

你的解答

答案

可以往大水桶里倒两次水来完成这个任务：先倒1夸脱，再倒3夸脱。

解答步骤：

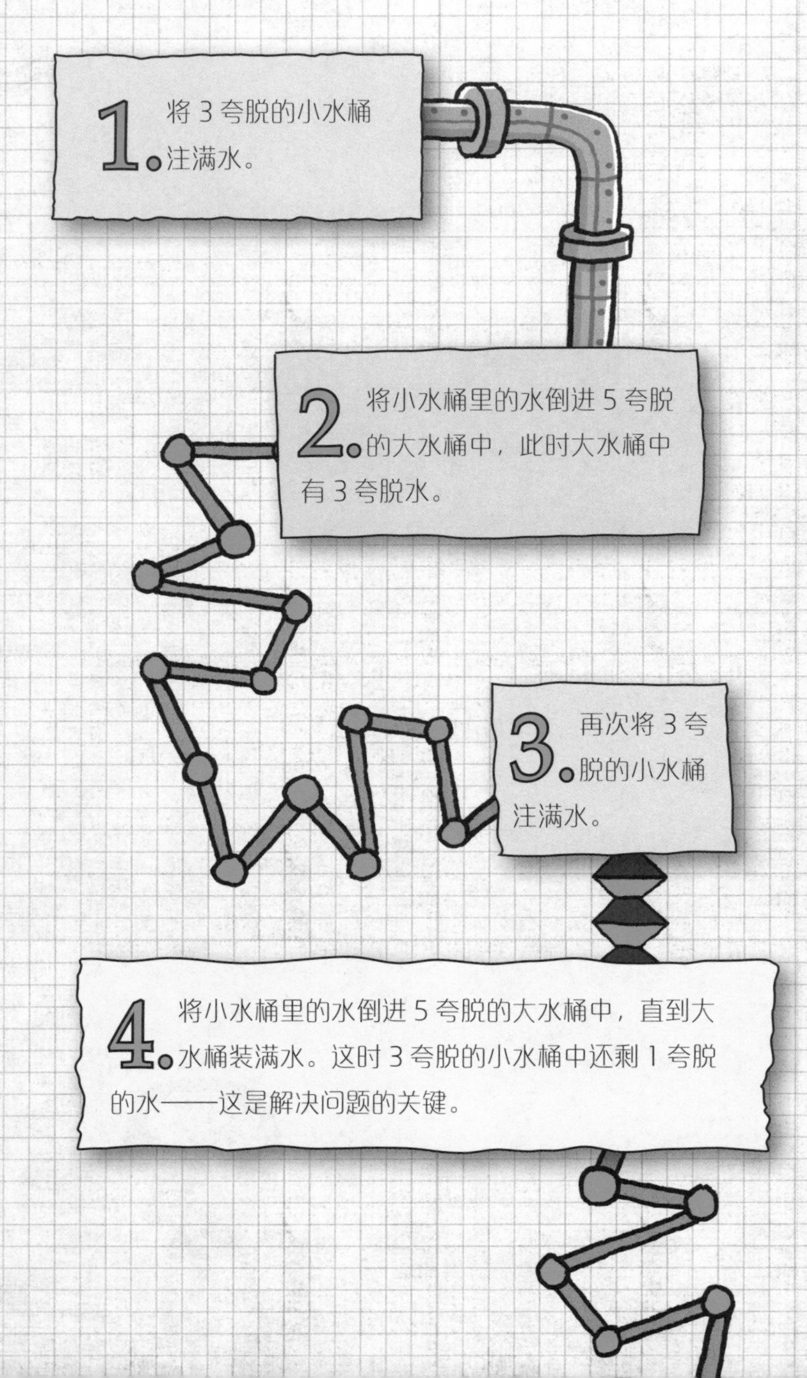

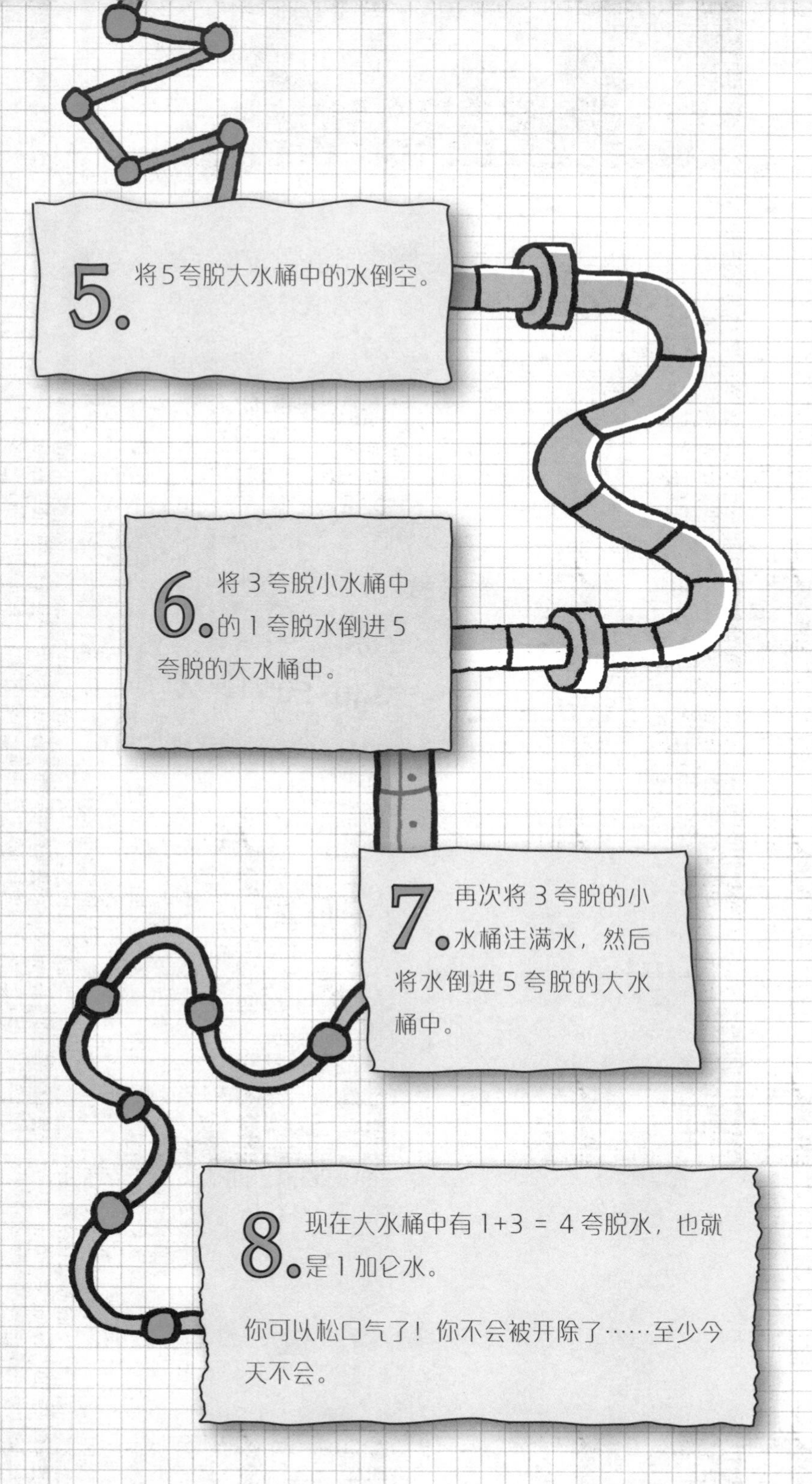
5. 将5夸脱大水桶中的水倒空。
6. 将3夸脱小水桶中的1夸脱水倒进5夸脱的大水桶中。
7. 再次将3夸脱的小水桶注满水，然后将水倒进5夸脱的大水桶中。
8. 现在大水桶中有1+3 = 4夸脱水，也就是1加仑水。
你可以松口气了！你不会被开除了……至少今天不会。

数学实验室

“加仑还是枷锁”的挑战是培养计量方面自信心的很好方式。因为，你会发现，即使一个量杯看上去“满”了，你还可以装东西进去。怎么会这样呢?

这取决于你计量的是什么东西。通过下面这个简单的实验，你就会明白的。

实验器材

- 两个一样的量杯
- 一些沙子或碎石
- 大勺子
- 水
- 40~50 颗弹珠

实验步骤

1. 在一个量杯里装水，装到刚好到达 1 杯的刻度线。

2. 在另一个量杯里装沙子或碎石，装到刚好到达 1 杯的刻度线。

3. 你现在应该有 1 杯量的水和 1 杯量的沙子或碎石。

4. 现在，把装水的量杯中的水倒一些到装沙子或碎石的量杯中。

5. 继续把水慢慢地倒入那个量杯中，直到水到达 1 杯的刻度线。

6. 看看原本装水的量杯中还剩下多少水。你觉得为什么你能够把这么多水倒进另一个量杯里？

7. 现在把两个量杯清空，并清洗干净，然后把沙子或碎石替换成弹珠，再做一次同样的实验。你这次能往另一个量杯中倒入与刚才等量的水吗？为什么能或者不能？

8. 再次把两个量杯清空，然后做一次反向的实验，即用大勺子把沙子、碎石或弹珠舀入装满水的杯子。发生了什么？你能够解释这些实验当中的差异吗？

解答： 归根到底，是由于物质的不同。水之类的液体会占据整个量杯的所有空间。而沙子或弹珠之类的固体，当把它们聚集在一起的时候，它们彼此之间会保留一定的空隙。当你把水倒入装满沙子或弹珠的量杯时，实际上你是在填充那些空隙，而这让你觉得装入量杯中的东西“超过”了 1 杯。

脑力锻炼

挑战计算器

你可以和朋友玩玩下面这个魔术。让她拿着计算器，你和她进行一场比赛，她用计算器算，而你只用心算，看谁算得快。你只需要一张纸和一支铅笔来写下你的答案。现在，找一本月历，随便翻到一个月份。

让你的朋友在月历上画（或想象）一个3×3的矩形，将月历中的某9天围在其中。假设她围住的日期是：

12	13	14
19	20	21
26	27	28

让她打开计算器，把这9个数加起来。与此同时，你在纸上写下“180”，然后把纸翻过来，覆在桌上。约1分钟后，她会告诉你答案是180，这时你可以把纸翻开，给她看你的答案。

用另外9个日期再做一次，你还是可以获胜。一遍又一遍，都是如此。这是为什么呢？因为你只要把中间的那个日期（这个例子中是20）乘以9即可。而乘以9的诀窍是，先把这个数乘以10（就是在后面加一个“0”），然后减去这个数。所以20×9就是20×10减20，即180。

中级挑战

第5关

存活机会：你几乎不行了

存活手段：比和比例，几何学

死　　因：敌方骑士

塔中的智者

挑战

你正赶去营救你的国王最信任的智者，据说她不需要把数字写出来就能够以闪电般的速度在头脑中进行数学运算。当然，这种杰出的人才对国王和君主们都是十分有用的，难怪这位智者会被敌方国王抓获。

在你靠近那座关押着受国王重用的智者的塔时，你察觉到自己正被敌方的骑士们追捕。今天阳光明媚，你前方的地面平坦易行，而且塔顶的

斯穆特桥

1958年冬天的一个夜晚，麻省理工学院的一群学生发明了一种新的测量方法。他们用一个名叫斯穆特的新生来测量波士顿查尔斯河上一座桥的长度。千真万确！他们扛着他穿过大桥，测出他们走了多少个斯穆特身高的距离。他们称这种新的测量单位为"斯穆特"，一来为了表示对这个新生志愿者的敬意，二来他们认为这个名字"听起来像瓦特或安培一样，比较具有科学性"。

麻省理工学院的学生还在距离桥尾10斯穆特的地方用油漆刷了一行字，写的是"364.4斯穆特外加一只耳朵长"。

景象清晰可见。

但是，周围没有发现梯子！敌方骑士们正在接近，你开始感到任务会失败……不，等等！你可以把袋中那些多余的被单结成一根长绳子，用你那可靠的长弓将绳子的一端射向塔顶，让那位智者能沿绳子爬下来。但是，需要多长的绳子呢？现在已没时间去进行试错检验了。

什么是你已知的？你的身高正好和你的长弓长度一样，5英尺（约1.5米），而你的影子长度则刚好是2.5长弓。你有了主意，并测量了一下塔的影子长度：20长弓。现在，你已有足够的信息可以算出塔的高度了！

塔有多高？为了营救国王的那位智者，你需要用被单结一根多长的绳子？

影子与比例

阳光明媚的天气、平坦的地面和物体投射的影子是利用三角形来解决现实世界中比例问题的重要元素。物体的高是三角形的一边，它投射的影子是另一边，太阳射向地面的光线是第三边。由于地面是平的，这个三角形显然是直角三角形。你记得太阳射向地面的光线是平行的。这意味着如果你知道某个物体的高度，并能测出它的影子长度，你就可以求出附近另一个能测出影子长度的物体的高度。为什么？因为根据已知条件，你可以得到一对相似三角形，它们的对应边长成比例。建立比例方程，你就可以求出那条未知边的长度。

物体的高

太阳光线

物体投射的影子

欧几里得的建议

写下所有已知条件。

- 阳光明媚，所以你能看到自己的影子。也就是说，在你周围的所有物体都有影子。
- 你利用5英尺的长弓测量了你的身高（1长弓）、你的影长（2.5长弓）和塔的影长（20长弓）。
- 有了这些数据，你能够画出两个相似三角形，并建立比例式去求那条未知边的长度。

工作单

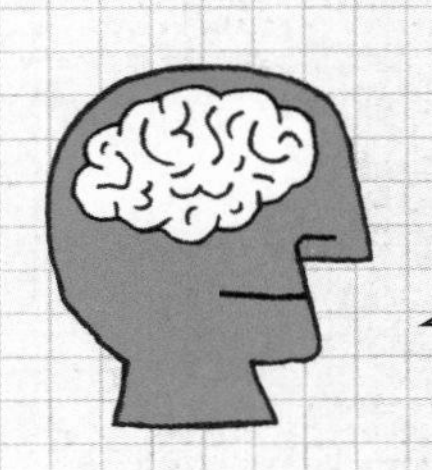

你的解答

答案

塔高40英尺（8长弓），所以你结的绳子要有40英尺长。

解答步骤：

1. 由已知条件，根据两个三角形相似，你可以建立比例式，求出塔的高度。

三角形①包括你［1长弓 = 1×5 = 5（英尺）］、你的影子［2.5长弓 = 2.5×5 = 12.5（英尺）］，以及太阳光线（你不需要知道这条边的长度，因为这条边与三角形2对应的边是平行的）。

三角形②包括塔（设它的高度为h英尺）、塔的影子［20长弓 = 20×5 = 100（英尺）］，以及太阳光线（你也不需要知道这条边的长度）。

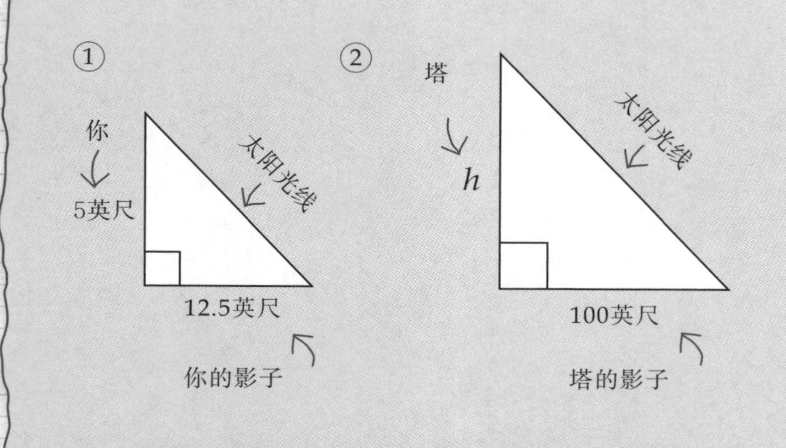

2. 建立比例式，把这些数交叉相乘，求出h。

$\frac{5}{12.5}=\frac{h}{100}$，$500=12.5h$，$h=40$。

这表明塔的高度是 40 英尺 [或是 $40\div5=8$（长弓）]。你的快速思考救了这位智者！

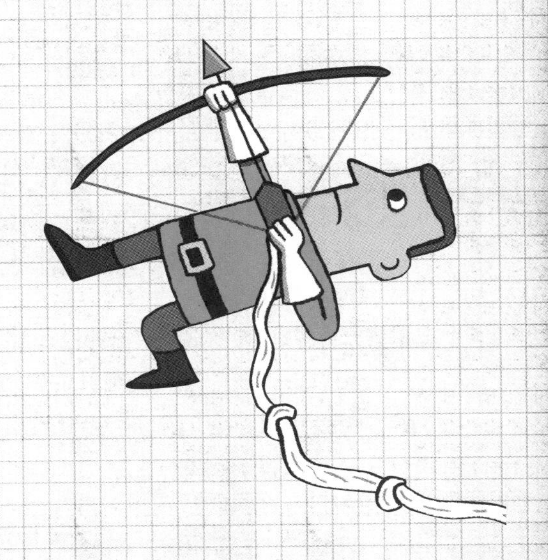

数学实验室

你还可以利用相似三角形的概念来测量大树、灯柱或旗杆的高度。当天气晴朗、物体肯定有影子的时候，你可以在公园、人行道或校园的平坦路段尝试一下这个活动。如果是在傍午或午后不久，影子比较短的时候做这个实验，其中的一些计算会更简单一些。

实验器材

- 附近空间比较开阔的大树（或灯柱、旗杆）
- 帮你进行测量的朋友
- 卷尺（或直尺）

实验步骤

1. 找一棵影子完全落在水平地面上的大树（或灯柱、旗杆），确保没有挡道的长凳、烧烤架或是野餐者。

2. 挨着大树站着，让你的朋友测量你的影子长，然后测量你的身高。这些数据表示第一个三角形的两条直角边长（水平边和竖直边）。

3. 现在，测量树影的长度。这个数据表示第二个三角形的水平边长。设树的高度为变量 h。

4. 用这些数来建立比例式，交叉相乘求得 h，即得待测物体的高度。

$$\frac{\text{你的身高}}{\text{你的影长}} = \frac{h}{\text{待测物体的影长}}$$

?
?
100
90
80
70
60
50
40
30
20
10
DO
NOT
OPEN

第6关

存活机会：你几乎不行了

存活手段：比和比例

死　　因：蜘蛛咬伤

挑战

你正在协助世界知名的科学家格罗格博士完成一项任务，到哥斯达黎加的山脉里去鉴别昆虫和蜘蛛的新品种。你和格罗格博士已经在丛林中待了4天，做记录、拍照片、捕捉昆虫，并确认它们的栖息地。

你的工作是从花朵里面收集汁液，这些汁液将会用作后续研究，也就是放到显微镜下观察，以识别出昆虫吃的微小生物是什么。你需要进行精细的操作，用滴管吸取汁液，注入容量为10毫升的取样勺里，直到注满（10

滴）为止，再把这些取样勺里的溶液倒入容量为100毫升的混合量筒内。

混合量筒

混合量筒是一种科学设备，用来准确地测量液体的容量。它是由高科技塑料或者安全玻璃之类的耐用透明材料制成的。量筒的筒身标着刻度，方便人们准确读出液体的容量。大多数混合量筒的刻度标的是升、厘升和毫升，因为科学家使用的大都是公制单位，而不是像品脱、盎司这样的美制计量单位。

就在你做着这些事情，并开始感到有点乏味的时候，危险发生了。格罗格博士被一只世界上最致命的巴西游走蛛咬伤了！被这种蜘蛛咬上一口，如果不能立即给予抗毒血清治疗，人就会死。而唯一受过训练、会配制血清的那个人，现在完全没有意识了！

时间紧迫，必须快速行动！你在急救袋中找到了抗毒血清。用药指示上说，你必须在7分钟之内滴3滴血清到格罗格博士的舌头上，但血清的浓度必须是100万分之一。如果浓度过高，血清会害死他。如果浓度过低，他会死于蜘蛛的毒液。

你能够设计出一系列的步骤，将纯血清稀释到100万分之一的浓度吗？

比

简单地讲，比就是两个事物之间的比较。因此，如果你有2只瓢虫和5朵花，那么瓢虫和花的数量之比就是2比5（或2 ∶ 5，2/5）。那么，对溶液而言，类似本问题中的解药，情况又如何呢？其实是一样的！如果你把1毫升果汁倒入100毫升水中，则果汁和水的比就是1比100（或百分之一，1 ∶ 100，1/100）。

欧几里得的建议

美国人对公制单位比较陌生，但它们使用起来却很方便，因为它们都是10、100、1000进制的，而不像美国的那些单位是2、4、12、16进制的。

写下所有已知条件。

·开始时，血清的浓度太高，是你所需浓度的100万倍。也就是说，血清需要稀释，使其浓度减小到100万分之一。幸运的是，你可以使用如下一些工具：滴管，容量为10毫升的取样勺，还有100毫升混合量筒。怎么使用它们？

·你知道10滴液体可装满10毫升的取样勺，所以1滴等于1毫升。

·混合量筒容量为100毫升。所以，如果你用滴管滴1滴血清到装满水的量筒中，就可将血清的浓度降低到100分之一。换句话说，血清的浓度现在是百分之一了。

你应该怎样利用这些信息去完成解药的配制呢？

工作单

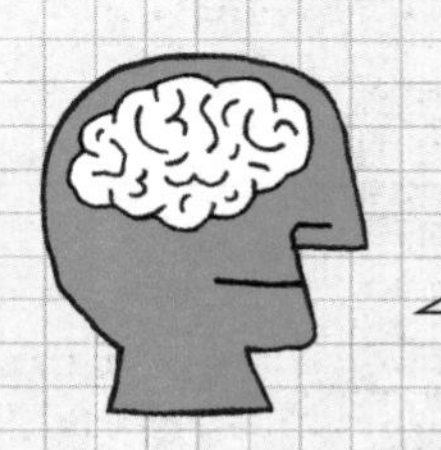
你的解答

答案

你可以利用滴管、血清、混合量筒和水，通过一系列步骤，获得浓度降低到100万分之一的液体。

解答步骤：

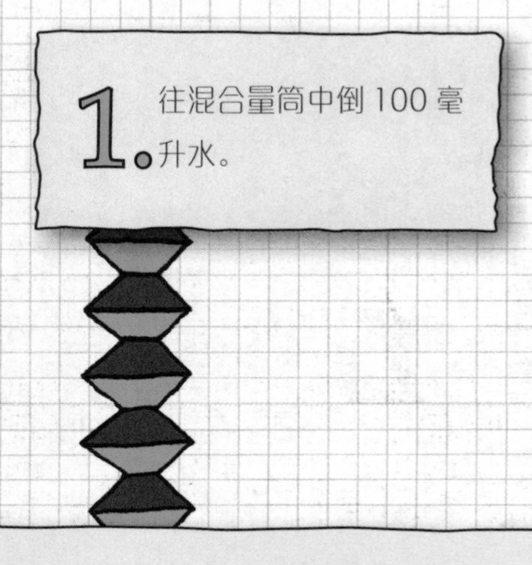

2. 用滴管往混合量筒中滴下1滴血清。因为1滴是1毫升液体，你得到的溶液浓度便是1：100。将滴管中余下的血清挤回原来的瓶子里，清空滴管。

3. 用一支干净的滴管吸取一些浓度为1：100的溶液，然后倒去混合量筒中剩余的溶液。清洁混合量筒，再往其中倒100毫升水。

4. 用滴管往混合量筒中滴下1滴浓度为1 ：100的溶液。现在，溶液的浓度是1 ：10 000了。为什么会这样？要想知道新溶液的浓度，可将滴管中溶液的浓度（1/100）乘以该溶液在混合量筒中的浓度（1/100）。

即 $\frac{1}{100} \times \frac{1}{100} = \frac{1}{10\ 000}$。

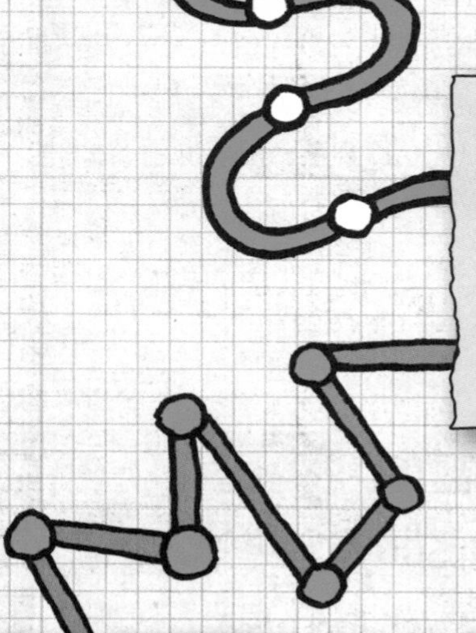

5. 再用一支干净的滴管吸取一些浓度为1 ：10 000的溶液，然后倒去混合量筒中剩余的溶液。清洁混合量筒，再往其中倒100毫升水。

6. 用滴管往混合量筒中滴下1滴浓度为1 ：10 000的溶液，现在，溶液的浓度是多少？

$$\frac{1}{100} \times \frac{1}{10\ 000} = \frac{1}{1\ 000\ 000},$$

新溶液的浓度便是1 ：1 000 000了。

耶，你救了格罗格博士！

注：这里使用的浓度指的是溶质和溶剂的比，而不是溶质和溶液的比。

数学实验室

在解答上面问题的过程中，你运用了一些简单的数学技巧，省时省力地将浓度稀释到了1 ∶ 1 000 000。你可以往桶里倒入一茶匙果汁，然后再往里加入100万茶匙水，使它达到同样的浓度。尽管这是一个可行的策略，但它很费时间，而且需要大量的水和一个特大的容器。作为替代，你可以分阶段做。

一种液体与另一种液体混合（比如说把果汁倒进水里）就是溶解。科学家们用数来描述溶液的浓度。鲨鱼能够探测出浓度为100万分之一的血液（1 ppm），相当于1滴血和100万滴水混合起来的溶液。你可以借助下面这个简单的实验来演示浓度为100万分之一的溶液大概是什么样子。

实验器材

- 红色的果汁（如番茄汁或蔓越莓汁）
- 玻璃杯
- 水
- 3个干净的500毫升量杯
- 茶匙（容量约5毫升）

实验步骤

1. 倒一杯果汁，抿几口，记住它有多浓。

2. 在每个量杯中倒入500毫升水。

3. 量出一茶匙果汁，把它加到一个装有500毫升水的量杯中，然后用茶匙搅匀。

4. 从上一步用到的量杯中量出一茶匙液体，把它加到第二个量杯中，同样搅匀。

5. 重复这一过程，从第二个量杯中量出一茶匙液体，把它加到第三个量杯中。

6. 将第三个量杯中的液体搅匀，抿一勺尝尝。现在，再尝一下最初的那杯果汁，比较一下。

7. 味道如何？想象一下：第三个量杯中的果汁浓度（1 ppm）和鲨鱼能觉察到的血液浓度是一样的！

ATM
OUT OF ORDER
CASH ONLY
GAS
SCHOOL
SCHOOL BUS

第7关

存活机会：你几乎不行了

存活手段：比和比例，单价

死　　因：烈日

挑战

你坐在从洛杉矶开往亚利桑那州哈瓦苏湖城的旧校车上，去参加野营。离开巴斯托之后，你们进入了地球上最炎热、也最干旱的地区之一——莫哈韦国家保护区。它是一片沙漠，放眼望去，全是沙子、仙人掌，偶尔能看到一只野兔穿过高速公路。高速公路上什么也没有。

行驶约1小时后，你看见一个指示牌："离下一个加油站200英里。"当校车司机把车开进加油站时，他看上去有一丝忧虑。为什么呢？因为他看到一块指示牌上写着:“只收现金,不接受信用卡!”更糟糕的是,旁边的自动取款机上写着“机器故障”。

校车司机的钱包里只有2美元。你和你的同学们把口袋里的钱全部拿出来,加上司机的2美元,总共是23.63美元。这个地方汽油的价格是每加仑2.78美元。校车仪表盘显示油箱里面只剩下1/8的汽油。司机告诉你们,校车每烧1加仑汽油可以行驶17英里,整个油箱正好可以装30加仑汽油。

如果你们用这23.63美元买汽油,足够让你们到达下一个加油站吗?换句话说,你们的校车会不会燃油耗尽,在沙漠的烈日下被烤干?你们买好汽油后,校车究竟还能走多远?

欧几里得的建议

写下所有已知条件。

· 校车油箱还剩$\frac{1}{8}$的汽油;油箱装满的话会有30加仑的汽油。

· 你们共有23.63美元。

· 汽油的价格是1加仑2.78美元。

· 每加仑汽油可以行驶17英里。

· 你们距离下一个加油站200英里。

工作单

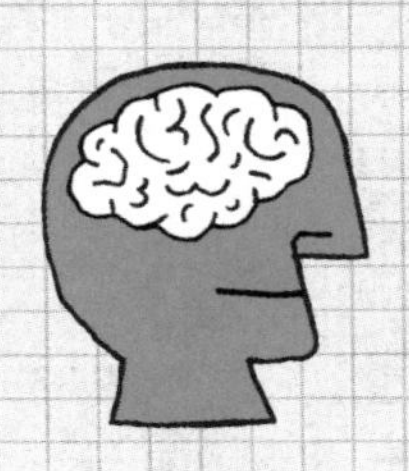

答案

对！你们能够成功到达下一个加油站！油箱中所剩的汽油加上你们购买的汽油，一共有12.25加仑，可以让你们行驶208.25英里。

解答步骤：

1. 首先，你需要计算出油箱中还剩多少汽油。油箱中剩下 1/8 的汽油。让我们把$\frac{1}{8}$换算成与它等值的小数。

$$\frac{1}{8} = 1 \div 8 = 0.125。$$

如果整个油箱可以装 30 加仑汽油，现在剩下的是它的 0.125，将两者相乘就可以得到你要的答案。

$$30 \times 0.125 = 3.75（加仑）$$

也就是说，校车油箱中仅剩 3.75 加仑的汽油。

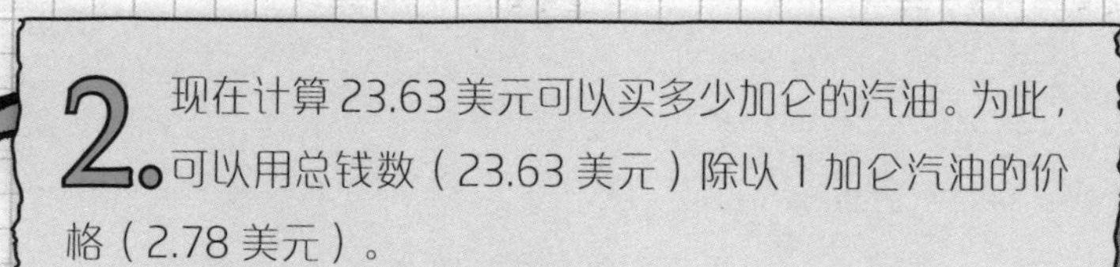

2. 现在计算 23.63 美元可以买多少加仑的汽油。为此，可以用总钱数（23.63 美元）除以 1 加仑汽油的价格（2.78 美元）。

$$23.63 \div 2.78 = 8.5（加仑）。$$

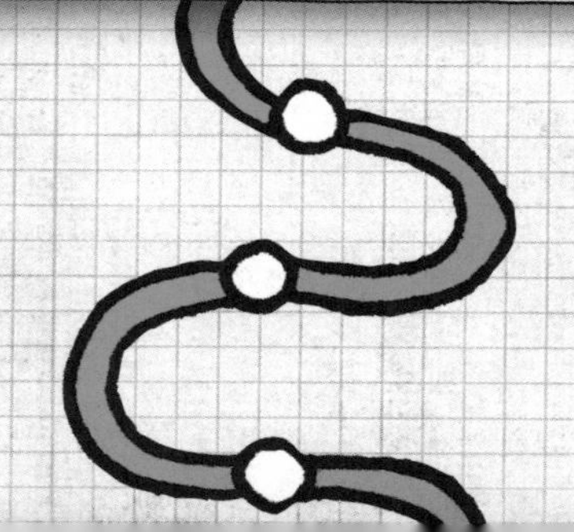

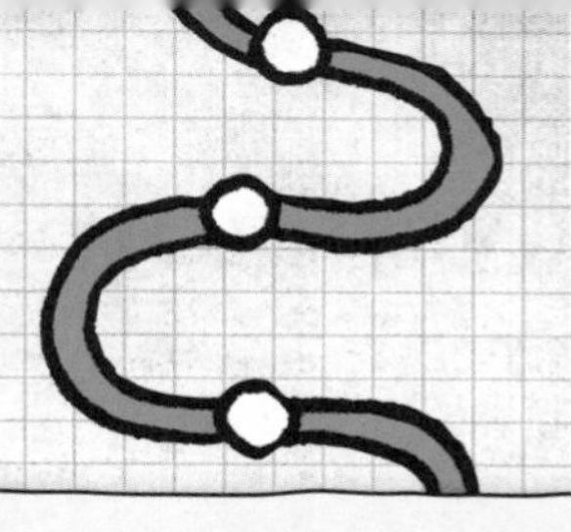

3. 计算总的汽油量，就是将前面两步得到的结果相加。

$$3.75+8.5 = 12.25$$（加仑）。

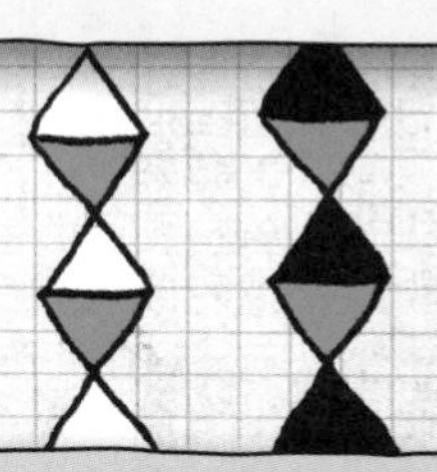

4. 那么，12.25 加仑的汽油足够让你们到达 200 英里之外的下一个加油站吗？可以将你们拥有的汽油总数（12.25 加仑）乘以每加仑汽油可以行驶的距离（17 英里），计算出你们可以走多远。

$$12.25 \times 17 = 208.25$$（英里）。

你们到达时，还有够行驶 8.25 英里的汽油呢！

数学实验室

你可以自己做一些关于汽油与距离关系的计算，虽然它们可能没那么惊险。你要做的就是收集汽车的耗油量(即每升汽油能行驶的距离，可以是你家的私车，也可以是网上搜索到的数据)，以及你家所在地区的汽油价格的信息。如果你能找到一幅清晰标明比例尺(图上距离与实际距离之比)的公路图，你的计算将会更加有趣。

实验器材

- 你家的私车使用手册或者一台可以搜索汽车油耗的电脑
- 铅笔
- 纸
- 计算器
- 你家邻近地区的公路图

实验步骤

1. 问问你的父母，当他们加油时每升汽油要付多少钱，或者下次路过本地的加油站时记下价格，也可以通过上网搜索有关数据。

2. 阅读汽车使用手册，或者上网搜索，看看该汽车的油箱可以装多少升汽油，以及每升汽油可以在高速公路上行驶多少千米。

3. 把这些数据记下来。

4. 用计算器算一下，加满油箱需要多少钱。

5. 计算出整箱汽油可以让汽车行驶多少千米。

6. 打开公路图，选一个离你家约 200 千米的地方作为目的地。你能计算出到达那里需要多少升汽油，以及这些汽油的花费吗？

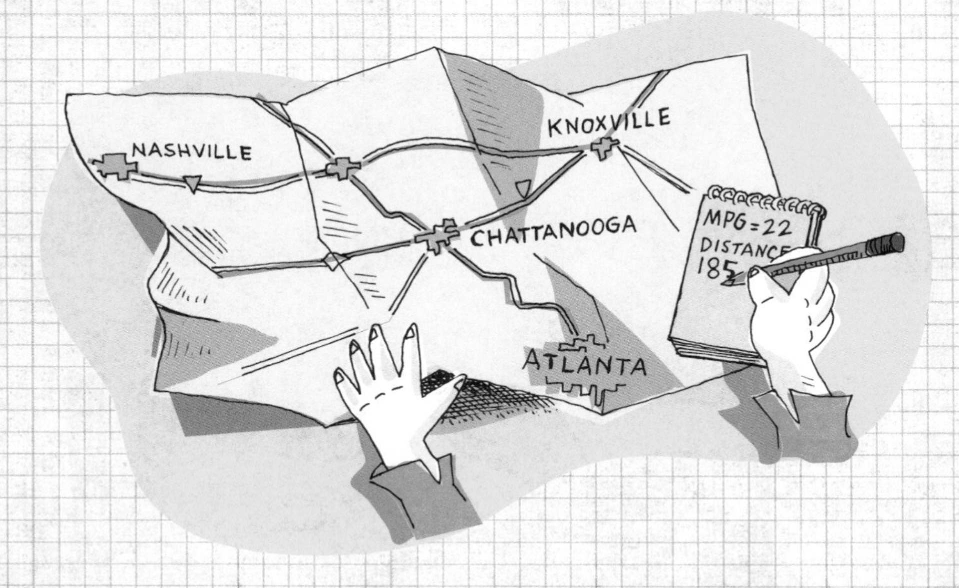

7. 额外挑战：假设你可以留出 200 元作为汽油费，寻找一个你可以到达的度假地（别忘了你还要把车开回来哟）。

解答：要计算出加满整个油箱需要花多少钱，可以将油箱的容量乘以油价。要计算出整箱油可以让你走多远，需要将油箱的容量乘以每升汽油能行驶的距离。

消失的1美元

3个朋友在一个餐馆就餐，需要付25美元。他们每个人拿出一张10美元钞票交给服务员。服务员并不擅长数学计算（比如把5美元找零平分给3个人），于是他把其中的2美元留给自己当小费，并给这3位顾客每人递上1美元。

对于这样的分配，每个人看起来都很满意。突然，其中的一个开始思考起这个问题来：我们每个人给了服务员10美元，又拿回1美元，这就意味着每个人花了9美元。我们有3个人，所以一共付了$3 \times 9 = 27$美元，加上给服务员的2美元小费，总共是29美元。还有1美元去哪里了呢？

花言巧语

这个令人困惑的故事是个很好的例子，它告诉我们，无论在数学还是其他学科中，仔细阅读都是非常重要的。这里要的花招是"加上给服务员的2美元小费"。你其实应该"减去"2美元，而不是"加上"2美元。

想一想吧。如果减去2美元，还剩25美元，这就是他们应该付的钱。每个朋友拿回1美元，服务员得到2美元。

另一种思考这个问题的方法是，给服务员的2美元小费也是3个人共同承担的，因此，每个人支付了0.67美元的小费。所以，每个人付的9美元包含了分摊的食物费用和小费。食物费用是每人8.33美元，加上小费0.67美元，正好9美元。所以，只要每人支付10美元，拿回1美元，一切就都解决了！

GRAFFITI
DANGER
KEEP OUT

第8关

存活机会：你几乎不行了

存活手段：运用构造

死　　因：爆炸

挑战

你的朋友胡安（Juan）在错误的时间出现在了错误的地点：银行抢劫犯挟持了他，把他当人质锁在一栋大厦的某个地方，这栋大厦将在30分钟之后被摧毁。银行抢劫犯已经带着他们抢到的东西逃之夭夭了，所以你现在可以开始寻找胡安，但是应该从哪里开始呢？

大厦一共有11层，每一层楼至少有10套空房间。你从底层开始寻找。等一下，你发现在一个旧邮件槽里有一张纸！你拿起它打开，看到下面的数字串：

10·7·14·18　11　3·15

4·7·10·11·16·6　22·10·7

21·7·24·7·16·22·10　6·17·17·20

17·16　22·10·7　21·7·24·7·16·22·10

8·14·17·17·20

》12·23·3·16

这是一条加密信息！因为胡安对爱伦·坡的侦探故事特别痴迷，尤其是以加密信息为特色的《金甲虫》，所以你非常确信它是条加密信息。呃，对了！这最后的4个数字一定是代表胡安的名字Juan。关于那个侦探故事，你还记得些什么呢？你可以运用一些模式来帮助你解密。

他肯定为这些数字创建了一套模式。如果12 = J，23 = U，3 = A，16 = N，你能不能推算出这个模式，破译密码，并及时在它的帮助下救出胡安？

欧几里得的建议

作为开始，你可以在答题纸上建立一个“密码本”，写下密码中的每个数字代表的字母。

·我们知道最后4个数字“12·23·3·16”代表胡安的名字Juan，所以，把这些结论加到你的“密码本”中：12 = J，23 = U，3 = A，16 = N。

·接下来，遵循爱伦·坡的建议推算出模式，进而破译密码。你注意到了什么？在字母表中靠前的那些字母对应的数较小，而靠后的那些字母对应的数较大。你看到可以利用的模式了吗？

提示：写下整个字母表，并且把你知道的数填进去。

工作单

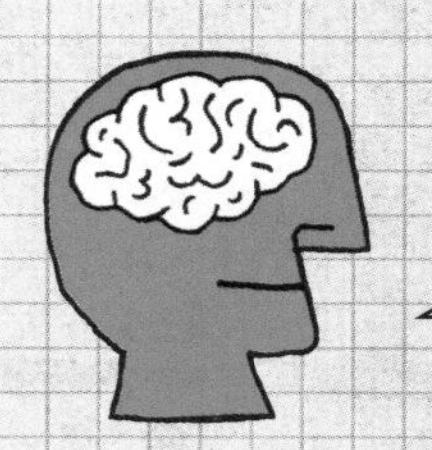

你的解答

答案

这个信息的意思是：

HELP I AM
BEHIND THE
SEVENTH DOOR
ON THE SEVENTH
FLOOR
—JUAN

（救命！我在七楼第七扇门后——胡安）

解答步骤：

1. 原始信息是这样的：

10 · 7 · 14 · 18　11　3 · 15
4 · 7 · 10 · 11 · 16 · 6　22 · 10 · 7
21 · 7 · 24 · 7 · 16 · 22 · 10　6 · 17 · 17 · 20
17 · 16　22 · 10 · 7　21 · 7 · 24 · 7 · 16 · 22 · 10
8 · 14 · 17 · 17 · 20
》12 · 23 · 3 · 16

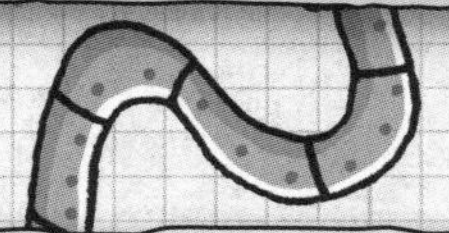

2. 当你用 J、U、A、N 替换掉 12，23，3，16 后，上面的信息就会变成：

10 · 7 · 14 · 18　11　A · 15
4 · 7 · 10 · 11 · N · 6　22 · 10 · 7
21 · 7 · 24 · 7 · N · 22 · 10　6 · 17 · 17 · 20
17 · N　22 · 10 · 7　21 · 7 · 24 · 7 · N · 22 · 10
8 · 14 · 17 · 17 · 20
》JUAN

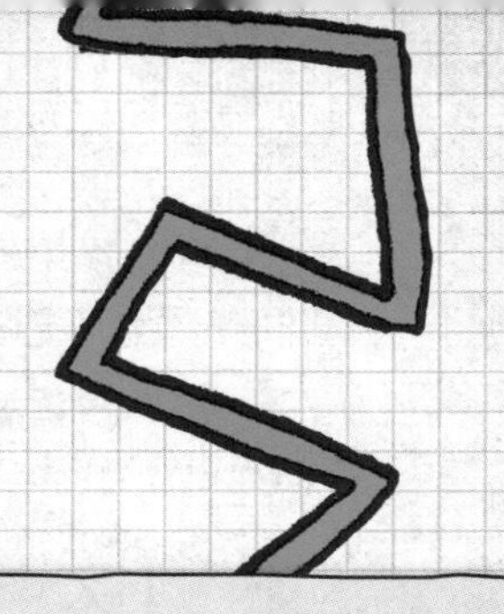

3. 接着，把整个字母表写下来，并按照字母在字母表中出现的顺序对它们进行编号。这是一个好的开始。然后，把你确切知道的字母所对应的数填进去，并且试着推算出那个模式。

A	1	3
B	2	
C	3	
D	4	
E	5	
F	6	
G	7	
H	8	
I	9	
J	10	12
K	11	
L	12	
M	13	

N	14	16
O	15	
P	16	
Q	17	
R	18	
S	19	
T	20	
U	21	23
V	22	
W	23	
X	24	
Y	25	
Z	26	

4。 你发现模式了吗？字母所对应的数比它们在字母表中所处位置的数大 2！

比如，A 是字母表中的第一个字母，胡安将它对应的数设为“3”。

$$1+2 = 3。$$

你可以把 B 在字母表中的顺序（2）加上 2，得到 B 对应的数。

$$2+2 = 4。$$

把表中剩下的空格填完，来破解密码。

A	1	3
B	2	4
C	3	5
D	4	6
E	5	7
F	6	8
G	7	9
H	8	10
I	9	11
J	10	12
K	11	13
L	12	14
M	13	15

N	14	16
O	15	17
P	16	18
Q	17	19
R	18	20
S	19	21
T	20	22
U	21	23
V	22	24
W	23	25
X	24	26
Y	25	1
Z	26	2

纸条上写着：

HELP I AM
BEHIND THE
SEVENTH DOOR
ON THE SEVENTH
FLOOR
—JUAN

数学实验室

你不需要等到被绑架了才使用密码来写便条。你可以告诉别人在哪里以及怎样可以找到一些宝藏。

为什么不把一些宝贝（比如说一两块糖）藏起来，然后让你的朋友们根据你的密码指示去找到它们呢？你可以使用字母、数或二者的组合来编制你的密码，但请记住两点：

1. 你必须始终用同样的符号代表相同的字母。

2. 不要丢失密码本。

实验器材

- 要藏起来的“宝贝”
- 破解密码的朋友
- 手表或其他计时器
- 铅笔
- 纸

实验步骤

1. 首先，把“宝贝”藏在你的朋友可以拿到的地方，比如放在一个特定的抽屉里，一棵树的后面，或者是一顶帽子下面。

2. 现在编制密码，用不一样的符号（另一个字母或数字）来代表字母表中的 26 个不同字母。

3. 在纸上按字母的“常规”顺序从上到下写下来。

4. 把每个字母所对应的“密码”写在该字母旁边。

5. 在另一张纸上，使用该密码为你的朋友们写下找宝贝的指示。为他们着想，便条不要写得太短。否则，他们会觉得很难找出模式。（比如通过看某些特定字母或数字出现的次数）。如果像胡安那样用密码的形式写下你的名字作为便条落款，你就可以帮助他们破解密码。

6. 给他们一个时间限制，比如说 10 分钟，破译密码并找到宝贝。

A5
THE ALPS

第9关

存活机会：你几乎不行了

存活手段：比和比例

死　　因：敌方间谍

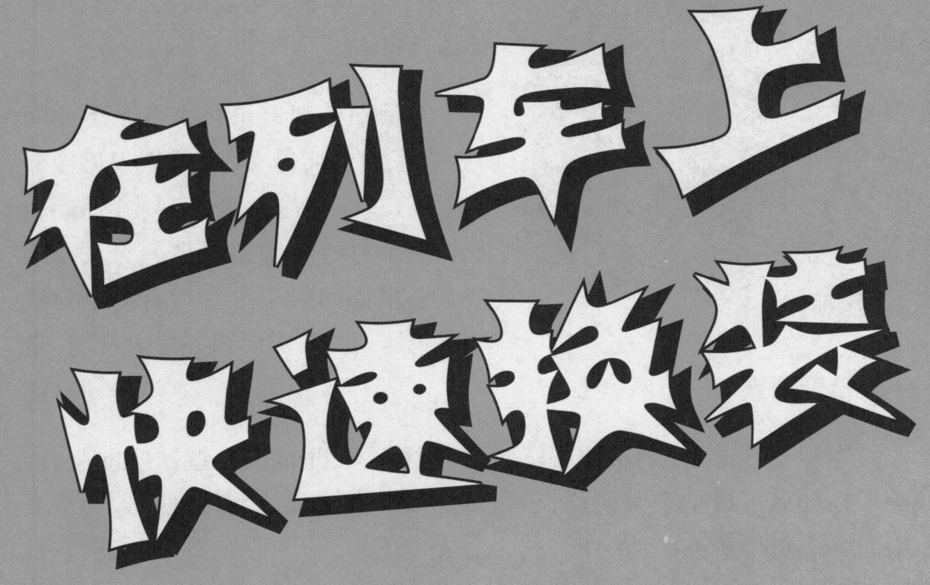

挑战

时间回到1893年12月31日，在著名的东方快车上，每位乘客都情绪高昂，因为大家正在为新年的庆祝活动做准备。你们在日出之前离开巴黎，并且已经行驶了6个小时，横穿法国。在这段时间里，这列著名的列车行驶了360英里，正平稳地向阿尔卑斯山进发。很快，你们就将驶入2英里长的库尔舍韦勒隧道，整列火车将会陷入一片黑暗之中。

东方快车

东方快车是在1883—2009年间运行的一列豪华高速列车。它最初的路线是从法国巴黎横穿欧洲，到达土耳其的伊斯坦布尔。沿途经过不少风景秀丽的地方，并在欧洲许多最美丽的城市停靠。由于一流的速度、舒适度和服务，东方快车吸引了很多富豪和权贵，并因此享誉世界。

但是你不能坐到座位上去享受这段旅程，因为你身上有一份重要的文件，有了它，一个名叫伦科维奇的国际战犯将会被绳之以法。在过隧道之后约3英里处的瑞士边境线上，你要把文件移交出去。

但是到处都有伦科维奇手下的间谍，为了得到那份文件，他们很可能会杀人灭口。事实上，就在刚才，你偶然听到一个打扮得像售票员的男人在隔壁车厢里询问火车上是否有一个你这样相貌的人。你需要想办法避过他，走到他已经搜查过的车厢里去。

你避开过道，来到存放餐车物资的贮藏室，里面有一些厨师的服装。等等！如果可以把衣服换掉，就可以方便你避过他。而且没有人会停下来问一个厨师是否有票！

虽然没有换衣服的空间，但你环顾四周，伸手拿了一整套服装，包括衬衫、帽子、裤子、白袜、白鞋、黑腰带和领带。不过，你必须返回外面的过道，把这些快速穿上。你需要2分钟时间，在这2分钟之内不能有任何人看到你。突然，一切都陷入了黑暗之中，你们进入了隧道！

列车穿过隧道需要多长时间？在列车穿越隧道时，你有足够的时间换上厨师的全套服装吗？

变量

变量是数学中最有用的工具之一。它可以用来代替某个量，通常用一个字母表示，如a或者x。它可以表示一个数，一个你要求解的值，比如方程$x+3=5$中的x，其中$x=2$。它也可以是一个已知值，你需要把它代入一个公式进而得到想要的答案，比如长方形的面积公式：$A = L \times W$，你可以把长方形的长(L)和宽(W)代入等式来求出面积(A)。

欧几里得的建议

写下所有已知条件。

- 列车在6个小时内行驶了360英里。
- 库尔舍韦勒隧道的长度为2英里。
- 突然陷入黑暗意味着你们已经进入了隧道。
- 你需要2分钟换衣服，而且在你换衣服的整个时间段列车必须行驶在隧道之中，完全黑暗。
- 你可以用比来解决这个问题。

工作单

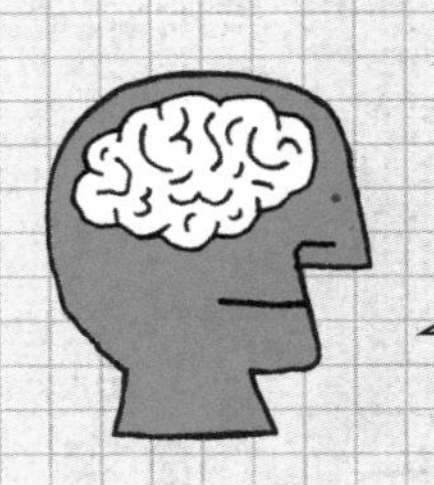
你的解答

答案

列车需要2分钟穿过隧道，所以你恰好有足够的时间换衣服。

解答步骤：

1. 要想算出列车穿过隧道需要的时间，你首先需要求出列车的速度。你已经知道了隧道的长度（2 英里）。你可以用列车已经行驶的距离除以所花的时间来计算出列车的速度：

360 英里 ÷ 6 小时 = 60 英里 / 时。

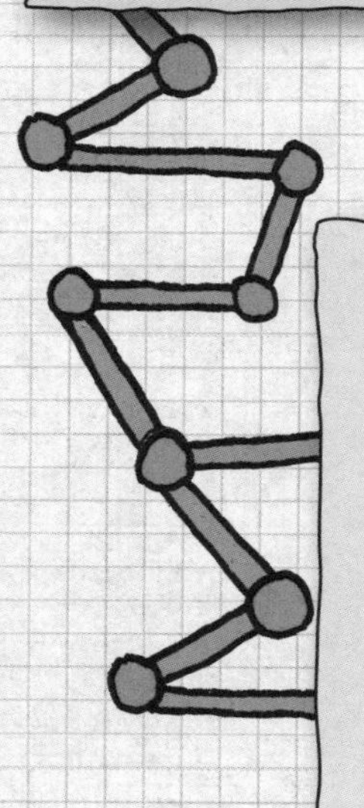

2. 现在，你知道列车 1 小时可以行驶 60 英里。但是你只需要那关键的 2 英里。那段路需要花多长时间呢？用两个比建立一个方程，设变量 t 为你处在隧道中的时间。

$$\frac{60}{1}=\frac{2}{t},$$

$$60t = 2,$$

$$t=\frac{1}{30}。$$

3. $\frac{1}{30}$表示什么呢？它是你在隧道中的小时数，也就是60分钟的$\frac{1}{30}$。将两者相乘就可以转化成分钟数。

$$\frac{1}{30} \times 60 = \frac{60}{30} = 2（分）。$$

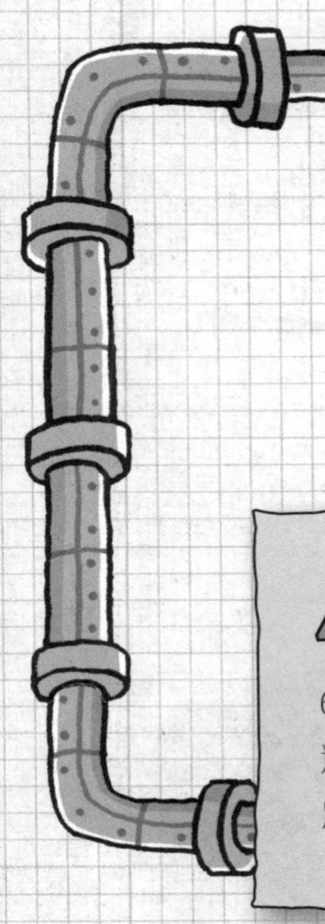

4. 你也可以用英里/分为单位来计算速度。6小时行驶360英里。6个小时有多少分钟？6 × 60 = 360（分）。所以列车速度是1英里/分。这说明在2分钟内列车可以行驶2英里。你恰好有足够的时间换衣服！

数学实验室

通过在家里进行类似的活动，你就可以更好地理解这个挑战的难度。邀请一些朋友到家里来进行一场比赛。你们可以尝试重新设计列车上的一些情况，或者设计在黑暗中要进行的一些活动。所以，最好是在天黑之后，或者在一个拉上窗帘后完全黑暗的房间里进行。

实验器材

- 手表或其他计时器
- 小手电筒
- 各种宽松的衣服，比如衬衫、夹克衫、没有别针的领带、裙子和袜子

实验步骤

1. 安排一个人为每个挑战者计时。负责计时的人应该有一个在黑暗中也可以看清楚的计时器，或者用一个小手电筒帮助读取时间。

2. 把宽松的额外衣服整齐地放在椅子、桌子或长台上。

3. 叫第一个参赛者走到衣服面前。

4. 约定信号一发出，就把所有的灯都关掉，拿手表的人开始 2 分钟计时。第一个参赛者尽量以最快的速度穿上额外套装。

5. 计时的人应该在到达 2 分钟时大喊：“时间到！”这时候参赛者应该立刻停下来。

6. 打开灯，看参赛者穿的新衣服有多整齐。

7. 让每个人重复第 3 步至第 6 步，直到大家都轮到一次。

8. 投票决定谁穿上新衣服最像那么回事。间谍会识破这样的伪装吗？

存活机会：你几乎不行了

存活手段：运用构造

第10关

死　　因：窒息

挑战

你正在一座古埃及的陵墓中。唷！四周黑漆漆的，空气中充斥着腐败的味道。难怪阿齐兹教授说，这扇滑动密门已经3500多年没有打开过了，而且它肯定是完全密封的，直到今天被你们打开。教授花了毕生的心血搜寻这个可以追溯到古埃及第十八王朝的宏伟秘密陵墓。只有教授和他的两个助理——纳希德和你，知道这个陵墓。而且你们确信，没有其他人跟踪来到这里。

古埃及王朝

历史学家将古埃及历史分成30个王朝。一个王朝由来自同一个家族的一系列统治者(也叫法老)统治。最早的第一王朝大约在5000年前建立,那时埃及第一次成为统一国家。在古埃及历史上,这种编号一直延续下来,包括被如波斯等外国势力统治的时期。多数历史学家认为第三十王朝是古埃及的最后一个王朝,于亚历山大大帝在公元前332年征服埃及时结束。

除了从密门开启处透进来的一丝光亮,仅有的光线来自你随身携带的手电筒,而且你看不到陵墓延伸到多远。因为陵墓里太黑不能拍照,你把照相机取下来,放在密门内侧,然后朝陵墓深处走去。墙上布满了象形文字,阿齐兹教授不时停下来翻译一两个。你们三人越走越深,进入了一个从来没有探索过的地道。

阿齐兹教授又停了下来。他说:“这里是一篇很长的碑文。它是用古埃及人喜欢的谜语形式呈现的。看,这里有一幅图,画的是我们刚进来的那扇门,还有阳光照射进来。看到了吗?在它旁边有一组组凉鞋,埃及人经常用它们来表示‘英尺’。先是1只,然后是3只,然后6只,10只,再然后……我看看,是15只凉鞋!下面就是那个谜语了:‘再加3次,然后把所有的都加起来’。”

“你们认为这说的是什么?”纳希德问。

“嗯,实际上很简单,这是在告诉我们另一扇密门的位置,就是它与入口处密门之间的距离。”教授说。

“您的意思是这里还有另一扇密门,通向——”

就在这时,你们听见一阵响亮的嘎吱声,回头一看,入口处的密门正在慢慢地关上。你们三个马上往回跑去,想要在门完全关闭之前赶到那里。但在匆忙跑动中,你的手电筒掉在了地上。手电筒闪了几下就熄灭了,你没法重新开亮它。随着密门逐渐关闭,你们面前的光线变得越来越微弱,然后是黑暗。漆黑一片。

你们三个找到墙壁,然后慢慢摸索着返回放照相机的密门处。当你找到照相机时,上面的墙体看上去跟通道里其他任何地方没有什么不同。

推和按压都不起作用，也没有办法移动它。你们该怎么办？陵墓是密封的，空气什么时候会耗尽呢？没有人知道你们在里面。

你们唯一的希望就是陵墓墙壁上的那条谜语。利用其中的模式解开谜底，算出你们距离那个秘密出口有多远。解决这个问题，逃离死亡的命运。

欧几里得的建议

写下所有已知条件。

· 谜语是关键。凉鞋代表的是英尺，所以它一定是在告诉你们从出口到入口的距离（别忘了，它是画在墙上的）。

· 凉鞋的数量看起来像是按一定的模式排列的：1，3，6，10，15。然后谜语上说“再加3次”。

· 最后是“把所有的都加起来”。也许这也跟上面的模式有关。

工作单

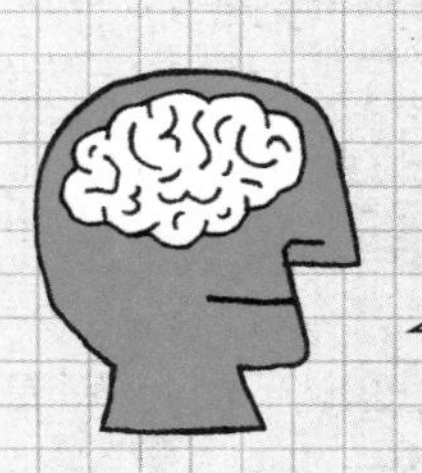
你的解答

答案

出口密门位于入口密门往里120英尺的地方。

解答步骤：

1. 解开谜底的关键是找到1,3,6,10,15这些数构成的模式。我们首先找出规律：

1和3之间相差2。

3和6之间相差3。

6和10之间相差4。

10和15之间相差5。

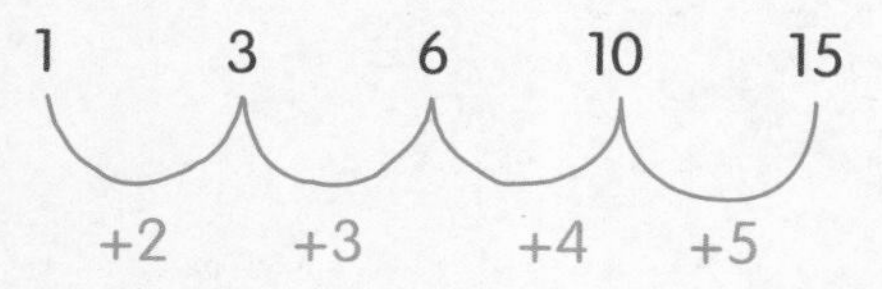

每一对相邻数的差值每次都增加1。

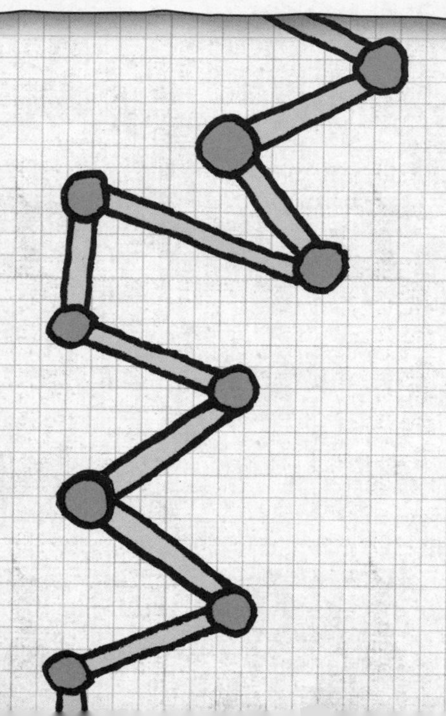

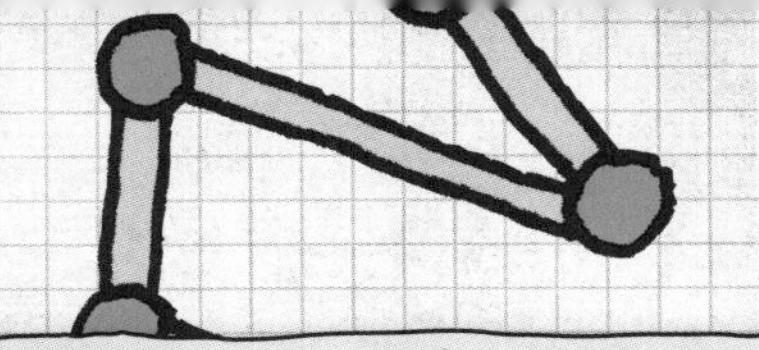

2.

现在，你已经发现了这个模式，“再加3次”的意思就是将这个模式再延续3次。

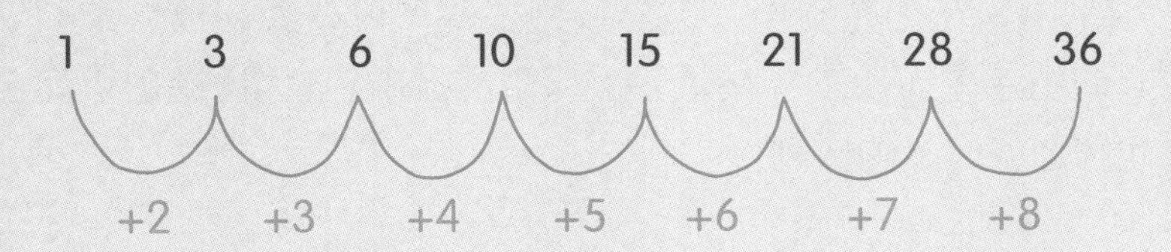

这说明，这些数是：1，3，6，10，15，21，28，36。

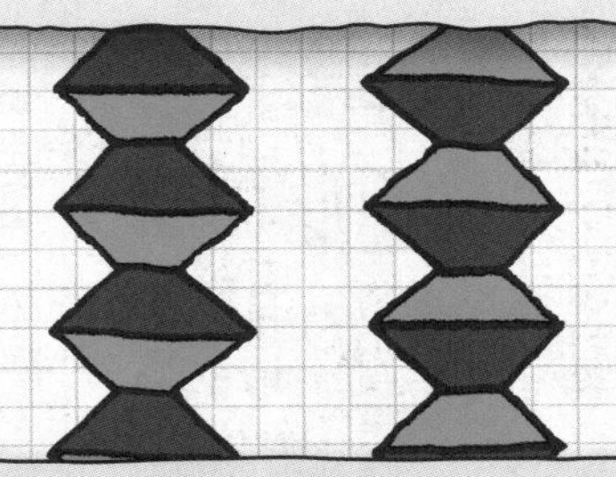

3.

最后，你必须“把所有的都加起来”，就是

$$1+3+6+10+15+21+28+36 = 120。$$

它表示出口离入口正好120英尺。

数学实验室

你可以研究身边的一些数列。最常见的数列之一就是斐波那契数列了，它经常出现在自然界中。这个数列是以一位意大利数学家的外号命名的，他生活在约800年前的名为比萨的城市（它因比萨斜塔闻名于世）。他创造了如下的数列：

0，1，1，2，3，5，8，13，21，34，……

你能够看出这个数列是怎么样延续下去的吗？除最前面两项外，数列中的每一个数都是它前面两个数的和。如第二个1是0与1的和，8是3与5的和，34是13与21的和，如此等等。

除了这数列本身非常有意思外，人们还注意到自然界中许多事物都遵循斐波那契数列的规律。这次的活动是让你和你的朋友们寻找神奇的斐波那契数列的更多例子，同时让你们比较容易地成为自然学家和数学家。

实验器材

- 朋友们
- 花椰菜、菠萝或松果
- 铅笔
- 纸

实验步骤

1. 让一个或多个朋友帮你一起做这个可能要持续一周的调查。

2. 解释一下一般的数列，特别讲一讲斐波那契数列的规律。

3. 如果你有一棵花椰菜头，从上面仔细观察一下，直到你可以看到整棵菜头的中心。

4. 边找边数出从中心开始的螺旋数——先数顺时针螺旋，再数逆时针螺旋。

5. 看看是否每个数都是按照斐波那契数列的顺序排列的。

6. 用同样的方法找出一个菠萝或一个松果外面的螺旋数。

7. 现在看看谁能够在自然界中找到最大的斐波那契数，记下一周内发现的例子（和数）。

你可以观察花瓣的数量、叶子的排列方式、水平切开的苹果中的籽、种子穗，以及许多与植物有关的东西。你甚至可以挑战一下自己，找找看在哪些植物体中不存在斐波那契数(如4,6,7)！

ZZZZZ
VOL BASS

第 11 关

存活机会：你几乎不行了

存活手段：几何学

死　　因：愤怒的叔叔

挑战

由于刚在当地的乐队比赛中取得了胜利，你们的乐队不仅赢得了一份私营唱片公司的合约，还拿到了一笔奖金。为了庆祝，你们决定趁你叔叔不在的时候，借用他的位于佛罗里达州的单居室海边公寓聚会。前提是你们支付自己的交通费，并保持公寓一尘不染（因为他有很严重的洁癖）。费用好低的度假啊！

一切进展顺利，直到你叔叔预定回家的前一天。你刚起床，去准备早餐。啊！什么东西粘你脚上了！两只脚都是！你坐回床上，抬起脚一看，两个脚底都是黑的！

“嘿，伙计们，地板上是什么？”你问乐队队友。

“愚人节快乐！”他们大叫。“这是恶作剧油漆，你可以用吸尘器吸干净的。我们用它‘涂’了每个房间！”

“你们确定这是假油漆吗？”你问道。油漆没有从脚上掉下来的迹象。

一个队友拿起油漆罐，念道“耐磨舞台用漆，8小时后变干。不要让油漆接触到不需要涂刷的木材、陶器或者衣物。哎哟喂！”

看来，这次度假终将不会便宜。现在，你们必须替换掉公寓里所有的铺地材料，而且要在你叔叔明天回到小镇之前完成。但是，周日唯一一家营业的商店即将在30分钟之后关门，而你们需要20分钟才能到达那里。现在，你们需要快速地测量并计算出每个房间的大小，以便购买数量合适的铺地材料。

下面是公寓的平面图，以及你们的测量结果（单位：英尺）：

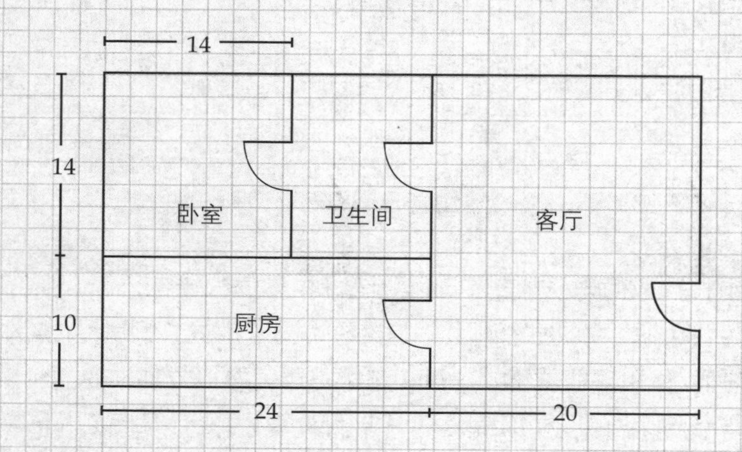

你们能够根据已有的信息,计算出每个房间的准确尺寸,并告诉商店的销售人员吗?如果可以,各个房间分别需要买多少铺地材料?

矩形的面积

计算矩形(四个角都是直角的四边形)的面积(A)很简单:用长(L)乘以宽(W)。

面积 = 长 × 宽,或 $A = L \times W$。

欧几里得的建议

这是个很好的例子,它让你运用一些你已经知道的"其他"信息(在这个挑战中,指其他房间的尺寸)来帮助你求出缺少的信息。

写下你所知道的一切。

- **很幸运,每个房间都是矩形!**
- **卧室是一个完美的正方形(14英尺 × 14英尺)。**
- **厨房是一个矩形(10英尺 × 24英尺)。**

工作单

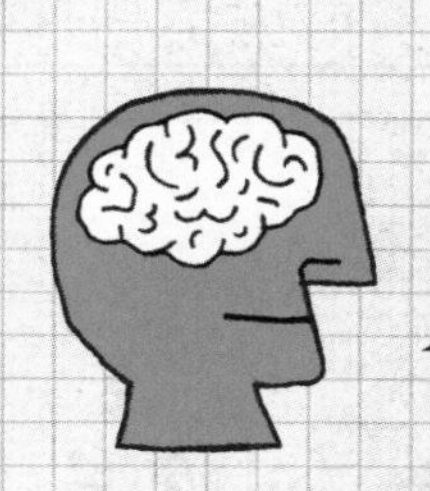

你的解答

答案

是的，你可以把准确的尺寸交给销售人员。你们需要购买196平方英尺的卧室铺地材料，140平方英尺的卫生间铺地材料，240平方英尺的厨房铺地材料，以及480平方英尺的客厅铺地材料。

解答步骤：

1. 首先，把房间的尺寸填完整。因为所有的房间都是矩形，所以它们的对边长都相等。这说明你有足够的信息来求出缺失的尺寸。

卧室：14英尺长 × 14英尺宽，
卫生间：14英尺长 × 10英尺宽，
厨房：24英尺长 × 10英尺宽，
客厅：24英尺长 × 20英尺宽。

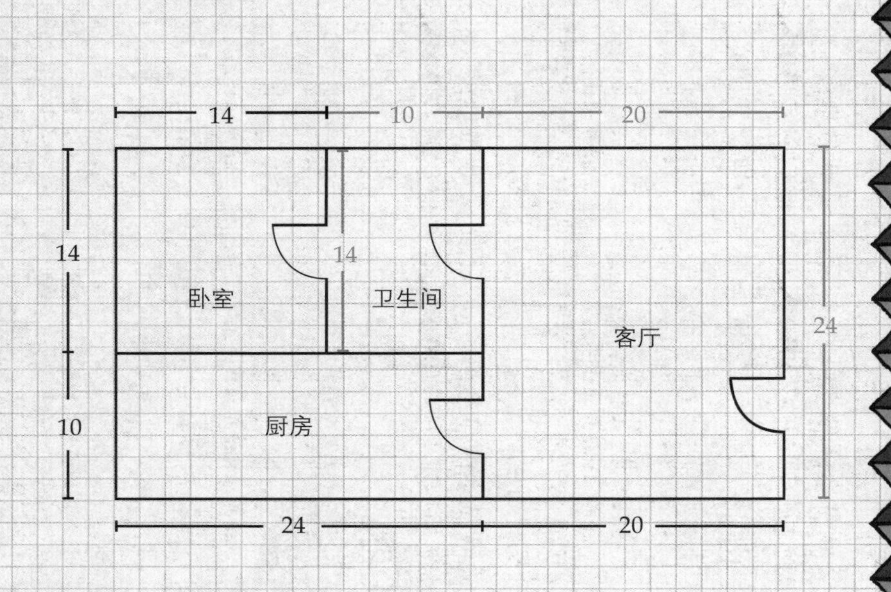

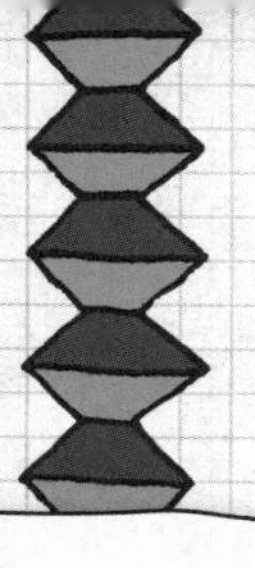

2. 现在，计算每个房间的面积，使用矩形面积的计算公式：

面积 = 长 × 宽。

卧室：14 × 14 = 196（平方英尺），
卫生间：14 × 10 = 140（平方英尺），
厨房：24 × 10 = 240（平方英尺），
客厅：24 × 20 = 480（平方英尺）。

你们快速测量出的那些尺寸已经够了！你们可以在叔叔回来之前购买到数量合适的铺地材料。

数学实验室

这个活动主要是关于测量和面积。现在抛开平方英尺，直接用平方厘米吧。只需要记住矩形的面积是长乘以宽就可以了。另外，正方形是特殊的矩形，它的长和宽是相等的。

实验器材

- 一张裁剪成12厘米 × 18厘米的硬纸板
- 尺
- 剪刀

实验步骤

1. 把硬纸板平放在桌子上，拿起你的尺。

2. 你面对的挑战是，用整张纸剪出4个图形：2个矩形，面积均为72平方厘米；2个正方形，面积均为36平方厘米。

提示：使用矩形的面积公式，求出矩形和正方形的长与宽。

3. 现在由你决定怎么测量、怎么裁剪。你能求出这些图形的长和宽吗？

解答： 两个矩形应该是 12 厘米 ×6 厘米的，两个正方形应该是 6 厘米 ×6 厘米的。

DRINKING
WATER

第12关

存活机会：你几乎不行了

存活手段：比和比例，单位用量

死　　因：脱水

挑战

时光回到1851年，你们正在执行捕鲸的任务。突然，一场可怕的风暴把你们的船撕得四分五裂。原本的27个船员中，只有5人幸存下来。你们5个人被困在一条小艇上，等待着、期盼着可以漂到岸边，或者被过往的船只搭救。

你们所有能吃的东西只是一整盒饼干——总共20块。谢天谢地，你们还有一桶40加仑的饮用水。水桶上拴着一个金属量杯，上面标着“0.5

品脱”。1加仑 = 4夸脱，1夸脱 = 2品脱。第一个伙伴，也是唯一幸存的高级船员指出，他曾听说，几年前在杰斐逊号船沉没后，一桶40加仑的水支撑10个船员度过了16天。

你知道你们必须在大家渴到发狂之前马上制定出一套严格的规定，控制好每个人每天可以喝多少水。海洋上关于脱水船员的传奇故事比比皆是。你们并不想落到他们那样的下场！

在你们到达陆地或者在海上获救之前，这桶饮用水可以支撑你们5个人生存多久？每个人每天可以喝多少杯水？确定了饮用水可以支撑你们生存的天数之后，怎样分饼干才能让你们每个人每天都能吃到一小片？

欧几里得的建议

写下所有已知条件。

- 桶里有40加仑的水。
- 一桶40加仑的水可以支撑10个人生存16天。
- 你们一共有5个人。
- 桶上拴着一个0.5品脱量的量杯。
- 你们有20块饼干。

工作单

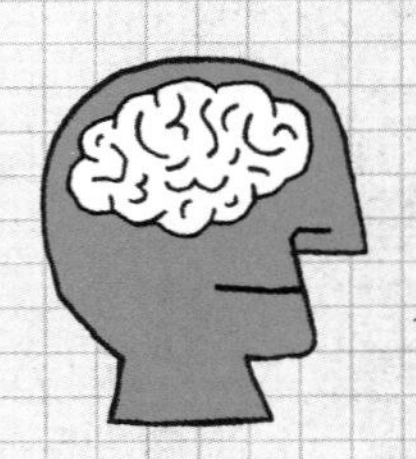

你的解答

答案

这桶水可以支撑你们生存32天。每人每天可以喝4杯水。每人每天可以吃$\frac{1}{8}$块饼干。

解答步骤：

1. 首先，计算出杰斐逊号船上的10个人每天消耗多少加仑的水。用总的水量（40加仑）除以这些水维持生存的天数（16天）。

$$40 \div 16 = 2\frac{1}{2}\text{（加仑）。}$$

也就是说，杰斐逊号船上的10个人平均每天消耗$2\frac{1}{2}$加仑的水。

2. 计算出杰斐逊号船上的每个人每天消耗多少加仑的水。用$2\frac{1}{2}$加仑除以10人。

$$2\frac{1}{2} \div 10 = \frac{5}{2} \div 10 = \frac{5}{2} \div \frac{10}{1} = \frac{5}{2} \times \frac{1}{10} = \frac{5}{20} = \frac{1}{4}\text{（加仑）。}$$

这说明在那16天里，每个人每天消耗$\frac{1}{4}$加仑的水。既然一天$\frac{1}{4}$加仑的水可以让杰斐逊号船上的船员活下来，那么它也应该能让你们生存下来。

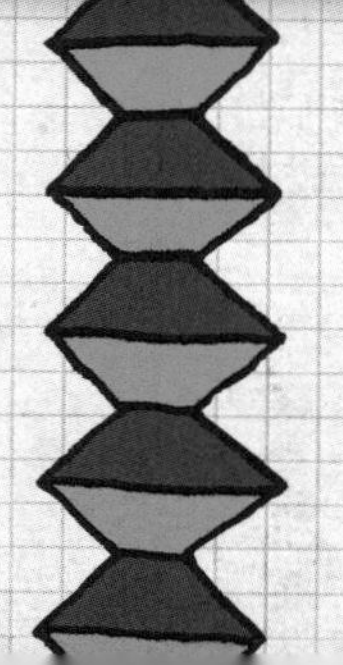

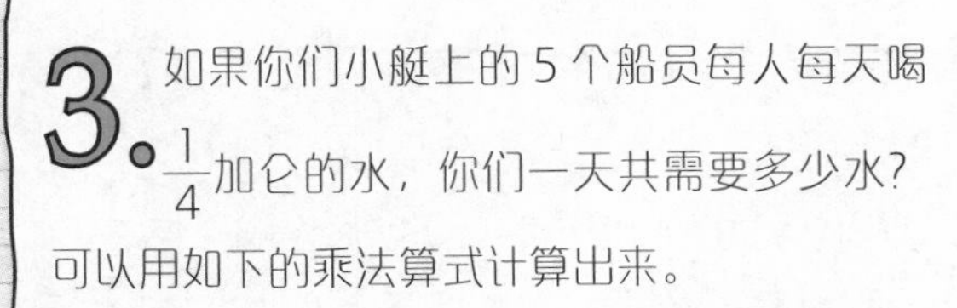

3. 如果你们小艇上的 5 个船员每人每天喝 $\frac{1}{4}$加仑的水，你们一天共需要多少水？可以用如下的乘法算式计算出来。

$$5 \times \frac{1}{4} = \frac{5}{4} = 1\frac{1}{4}\text{（加仑）。}$$

这说明你们小艇上全体人员每天可以消耗 $1\frac{1}{4}$加仑的水。

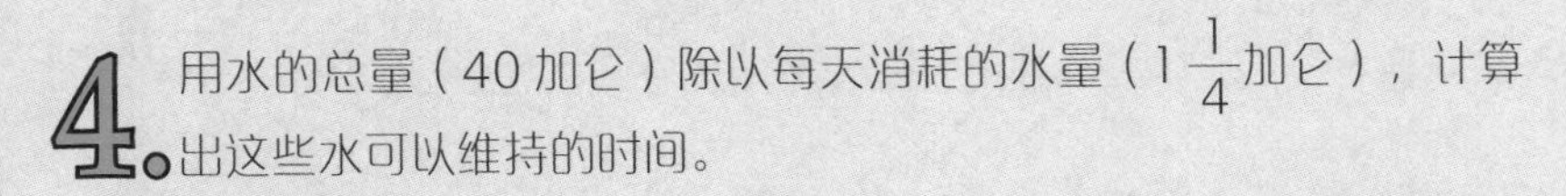

4. 用水的总量（40 加仑）除以每天消耗的水量（$1\frac{1}{4}$加仑），计算出这些水可以维持的时间。

$$40 \div 1\frac{1}{4} = 40 \div \frac{5}{4} = \frac{40}{1} \div \frac{5}{4} = \frac{40}{1} \times \frac{4}{5} = \frac{160}{5} = 32\text{(天)。}$$

这说明，这些水可以让你们维持 32 天。

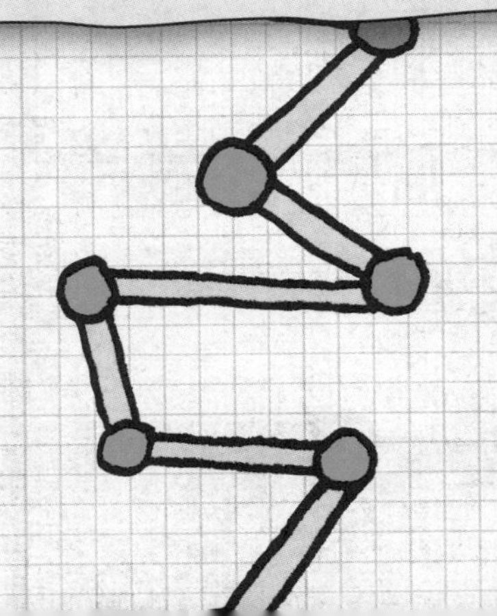

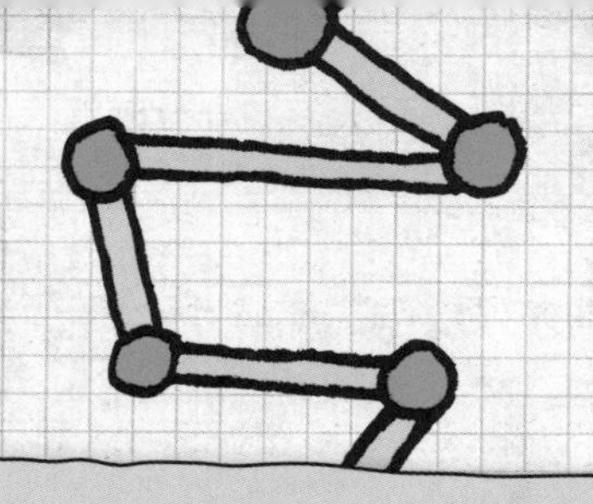

5. 我们知道 1 桶 40 加仑的水可以让 5 个船员生存 32 天。因为拴在桶上的量杯是以“品脱”为容积单位的，所以我们需要把加仑换算成品脱，才能更好地把这些水公平地分配给5个船员。

首先，把 $1\frac{1}{4}$ 加仑换算成夸脱。你知道 1 加仑等于 4 夸脱。因为我们现在是将较大的单位换算成较小的单位，所以可以用乘法得到答案：

$$1\frac{1}{4}\times 4=\frac{5}{4}\times 4=\frac{20}{4}=5\text{（夸脱）。}$$

其次，把 5 夸脱换算成品脱。你知道 1 夸脱等于 2 品脱。同样地，我们用乘法把较大的单位换算成较小的单位：

$$5\times 2=10\text{（品脱）},\ 10\div 0.5=20\text{（杯）。}$$

这意味着 $1\frac{1}{4}$ 加仑 = 20 杯，所以 5 个船员一天可以分 20 杯水。

最后，用 20 杯水除以 5 个船员，计算出每个船员一天可以喝水的杯数。

$$20\div 5=4\text{（杯）。}$$

换句话说，在饮用水全部耗尽之前，5 个船员每人每天可以喝 4 杯水，这样可以维持 32 天。

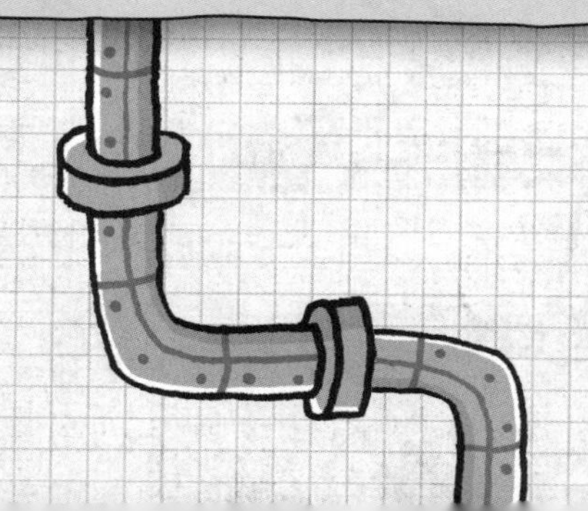

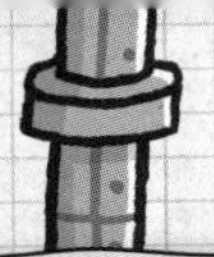

6. 怎么分那些饼干呢？你知道你们的水可以足够维持 32 天。你们有 20 块饼干。

首先，用你们拥有的饼干数（20）除以饮用水可以供你们生存的天数（32），计算出你们全体每天可以享用的饼干数。

$$20 \div 32 = \frac{20}{32} = \frac{5}{8}（块）。$$

这意味着5个船员每天一共可以吃$\frac{5}{8}$块饼干。

其次，用所有船员每天可以享用的饼干总数（$\frac{5}{8}$）除以船员的总数（5），计算出每个船员每天可以分到的饼干数。

$$\frac{5}{8} \div 5 = \frac{5}{8} \div \frac{5}{1} = \frac{5}{8} \times \frac{1}{5} = \frac{1}{8}（块）。$$

所以，5个船员每人每天可以吃$\frac{1}{8}$块饼干来维持这32天。

数学实验室

想要完成类似本次挑战中出现的计算，能够将大的计量单位和小的计量单位结合起来显得很重要。虽然你很幸运，没有因为遭遇船只失事或者在海上迷路而被困在一条漂流着的小艇上，不过你仍然可能需要计算多人的食物配额问题。

下面这个有趣的例子将给你一个机会去做同样重要的计算：在你下一次的生日派对上要准备多少冰激凌来款待你的客人？这个实验的好处之一就是你必须去买一些冰激凌来做测试。你能做好吗？

实验器材

- 一个可装$\frac{1}{2}$加仑冰激凌的容器
- 冰激凌勺
- 量杯（容量至少是0.5品脱）

实验步骤

1. 假设你准备在生日会上提供蛋筒冰激凌，而且每个蛋筒会配一支小勺子。

2. 舀一勺蛋筒大小的冰激凌，然后把它放进量杯中。

3. 继续把冰激凌舀进量杯中，边舀边数勺数，直到冰激凌达到1杯（即0.5品脱）的刻度线。

4. 如果量杯里的一勺勺冰激凌之间有缝隙的话，压一压，再添一到两勺冰激凌到量杯里。

5. 记下达到 1 杯刻度线时需要放入的冰激凌的总勺数。

6. 运用这些信息，你怎么才能算出一个$\frac{1}{2}$加仑的容器里可以装多少勺冰激凌呢？

解答：既然 1 加仑等于 8 品脱，即 16 杯，那就意味着$\frac{1}{2}$加仑等于 8 杯。用 8 乘以达到 1 杯刻度线时需要放入的冰激凌的总勺数，就可以计算出$\frac{1}{2}$加仑的容器中可以盛放多少勺冰激凌了。

EUCLID

THE ADVENTURES OF

MARVIN

THE MARVELOUS

MATHEMATICIAN

ISSUE # 1

10¢

$a^2+b^2=c^2$

c

a

b

3.14

π

第13关

存活机会：你几乎不行了

存活手段：表达式和方程

死　　因：失望

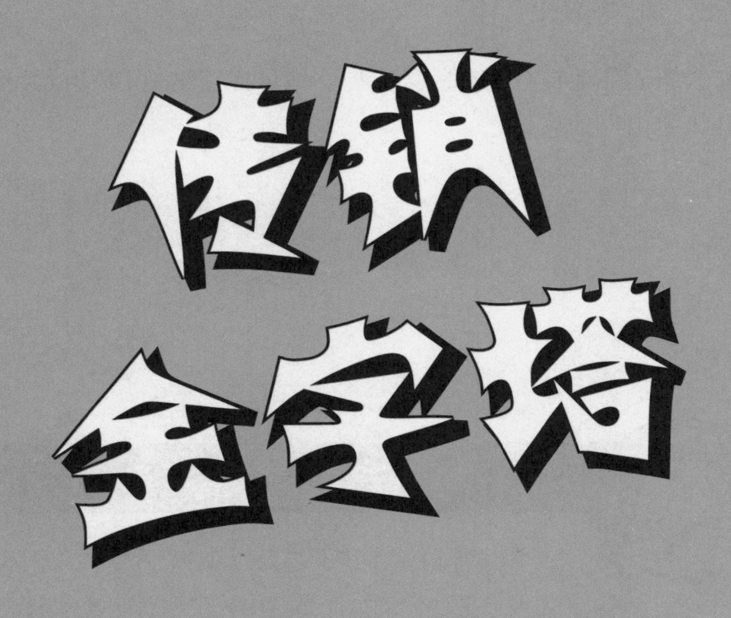

挑战

你可能不相信你会那么走运。本地的连环画书店里终于有了非常罕见的第一期《大数学家马文的冒险》。但这本书售价为400美元！如果只靠周末给镇上的9000人投递报纸，你很难赚到那么多钱。

你的朋友特雷向你保证，加入他投资的“传销金字塔”将会帮你快速赚到钱。你只需要先交100美元入会费，这是你在几个星期内就可以省出的钱。“传销金字塔”是这样运作的：一个人（我们称他为“金字塔塔顶”）

让10个人（“第二层”）每人交给他100美元。接下来，第二层的每个人再找到另外10个人（“第三层”），让每个人交给他们100美元。到现在为止，一切都还不错：如果每个人都招收了新成员，那么“金字塔塔顶”就可以获得1000美元，第二层的人每人都可以得到900美元（1000美元减去交给“塔顶”的100美元）。

特雷告诉你他在金字塔的第四层。如果你交给他100美元，他认为你会在几天之内得到900美元。

如果你加入这个金字塔的第五层，而且你只能在你所居住的小镇上招收新成员，那么你们镇上的9000个人足够让你赚到那900美元吗？

欧几里得的建议

“传销金字塔”之所以叫这个名字，是因为如果你把他们的运作方式用一个树状图表示出来的话，看起来非常像一个金字塔。他们从一个人（“金字塔塔顶”）开始，一层比一层更大——就像从一个真正的金字塔塔顶往下走。每一个人投入100美元，接着必须找到另外的可以付钱给他的10个人。画出树状图能够帮助你更加直观地想象“传销金字塔”随着层数增加发生的变化。

工作单

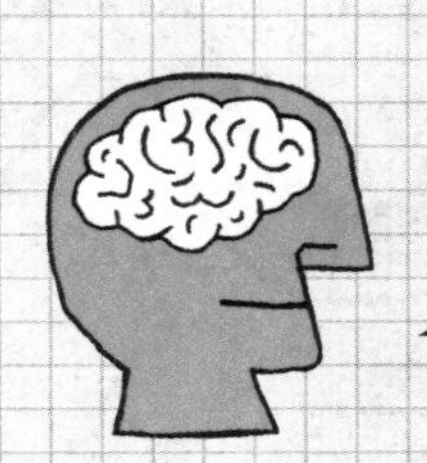

答案

不行。如果你在这个金字塔的第五层，你镇上的人口不足以让你赚到900美元。

解答步骤：

1. 如果画一个树状图来演示“传销金字塔”，你会发现从第二层往后，画面就会有一点失控。一旦“金字塔塔顶”开始赚钱，需要被卷进来的人的数量就开始迅速增加。

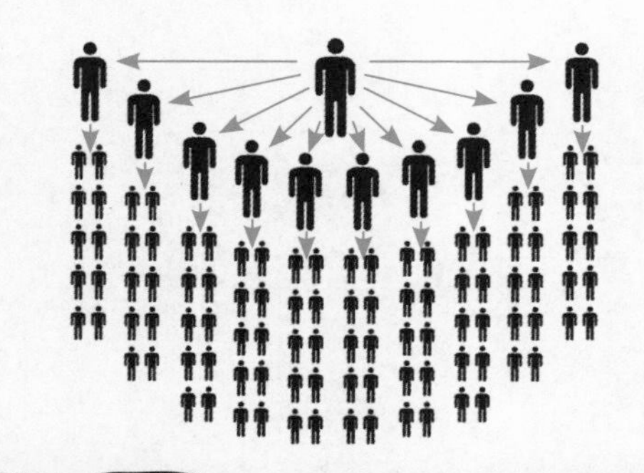

2. 你可以这样想：如果在第二层有10个人，而他们每个人都必须找到另外10个人，那么一共要找多少人？

$$10 \times 10 = 100（个）。$$

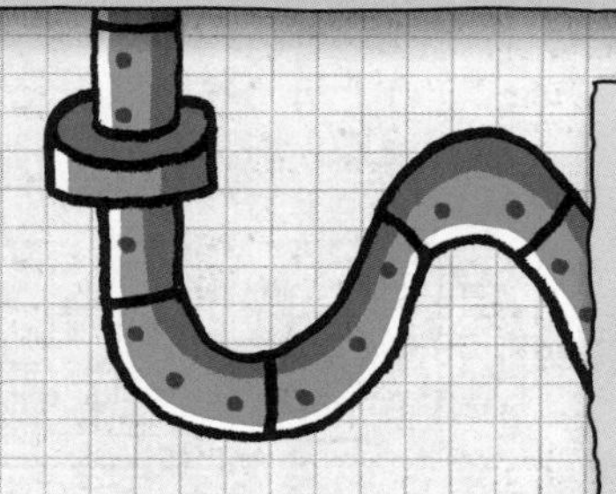

3. 然后想想这样的数对第三层来说意味着什么。第三层有100个人，他们每个人必须另外找到10个人。

$$100 \times 10 = 1000（个）。$$

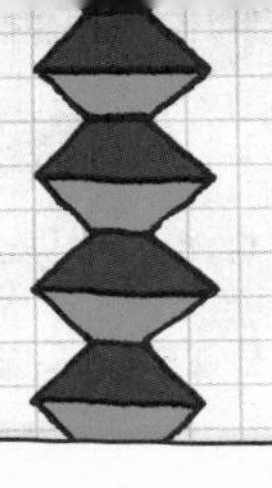

4. 第四层有 1000 个人，他们每个人必须另外找到 10 个人。

1000 × 10 ＝ 10 000（个）。

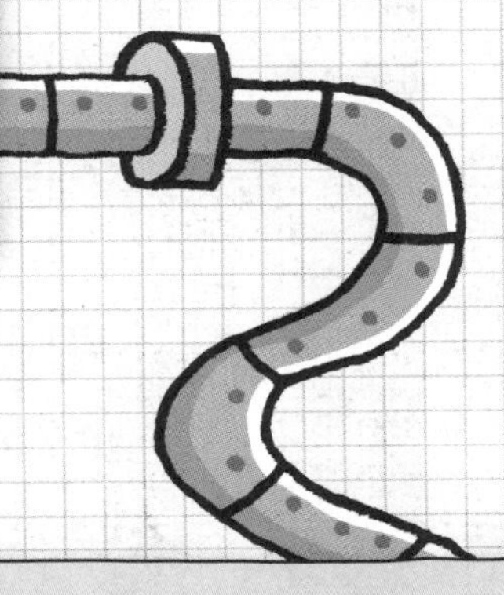

5. 哇！这意味着到了第五层，你所在的 9000 人小镇就没有足够的人来参与了！

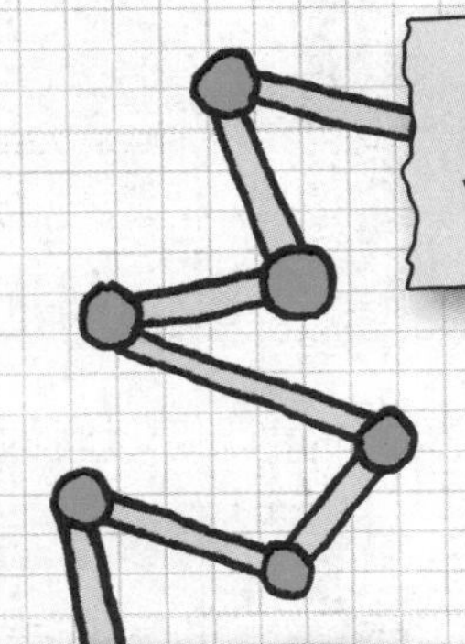

6. 如果这些层级可以继续下去，看看参与者的数量会增加得多快吧！

第六层：10 000 × 10 ＝ 100 000（个）。

第七层：100 000 × 10 ＝ 1 000 000（个）。

换句话说，随着“传销金字塔”的延续，找到新成员将变得越来越难，最后甚至不可能完成。这表明，只有处于金字塔上面几层的少部分人可能会赚到钱，而大量处于金字塔低层的交 100 美元的人会亏光本钱，得不到任何回报。你肯定不可能在第五层赚到钱！加入它绝对不是一个好主意。这就是“传销金字塔”被认为是非法的原因。

数学实验室

你可以在自己的班级里建立一个“迷你传销金字塔”，看看它崩溃得有多快。但是不要使用真实的钱币哦！

实验器材

- 至少25张小纸片
- 至少25个参与者

实验步骤

1. 对大家宣称你有办法可以让每个人发财。当然，是让他们拥有较多的小纸片。

2. 给每张小纸片设定一个面值，比如每张值100元。

3. 给每个人发一张小纸片。

4. 你可以做“金字塔塔顶”。

5. 游戏开始，请 10 个人每人给你 100 元（一张小纸片）。现在，你有了 1000 元。

6. 让他们每个人再去找 10 个可以给他们 100 元的人。其他人如果不想加入，可以拒绝。

7. 继续这个游戏，直到处于金字塔底部的人再也找不到愿意支付 100 元入会费的新成员。

8. 有多少人赚到钱了？又有多少人亏光了呢？

9. 你能设计出“传销金字塔”的另一种形式（已经有好几十种版本），来让第一个人变得更加富有，或者让金字塔能持续得更久一些吗？你可以尝试让许多人或少部分人位于金字塔塔顶，或者让参与者交更多的入会费，又或者让每个参与者寻找不同数目的新成员。

第14关

存活机会：你几乎不行了

存活手段：分析思考能力

死　　因：僵尸

挑战

你和阿尼、贝拉、卡洛斯四人被困在了安第斯山脉中，而且正被一群僵尸追赶着穿过印加遗址。你们的旅行实在是糟透了！

僵尸们正向山上走来，大概还有20分钟就能到达这里。显然，它们的行为准则是“绝不手下留情”。你们需要快速逃走。

但是，要怎么逃呢？你知道当地的直升机会在每天下午6点准时接走游客，但地点在一座横跨深峡谷的人行索桥的另一端。

你们尽快地跑到了桥边，索桥摇摇晃晃的，离谷底有几千英尺的垂直距离。因为现在天黑，桥又摇晃得厉害，而你们四个人只有一个手电筒，所以手电筒必须来回传递着使用。

你解释说："如果觉得合乎逻辑，我们可以这样做。同一时间穿过索桥的人数不能超过两个，而且从体育课上知道，我们中的有些人比其他人跑得快。我觉得我可以在1分钟之内跑过去，贝拉2分钟，卡洛斯3分钟，阿尼8分钟。"

现在是下午5点44分。如果想准时搭上直升机，你们必须马上行动。

你知道怎么样才能让你们四人都穿过索桥，并且准时搭上下午6点的直升机吗？记住，一次只能通过两个人，而且要确保每个人在过桥时都能使用手电筒。

欧几里得的建议

写下所有已知条件。

· 在开始过桥之前，请记住，每一次过桥后，必须有一个人（带着手电筒）返回。

提示：画一幅图可以帮助你们更加直观地想象每次过桥的情形。

工作单

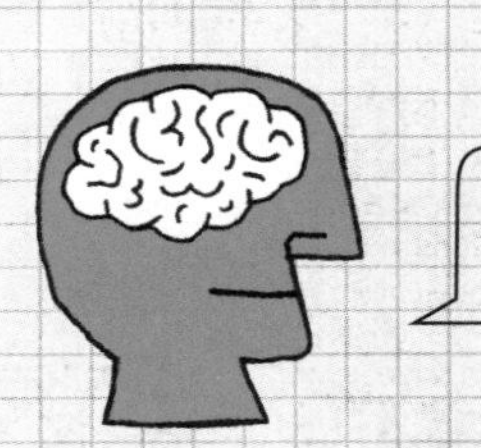

答案

你们能够在15分钟之内到达直升机接游客处，还多余1分钟。有两种不同的解决方案。

解答步骤：

5点44分到6点有16分钟，你们有16分钟的过桥时间。

方案A：

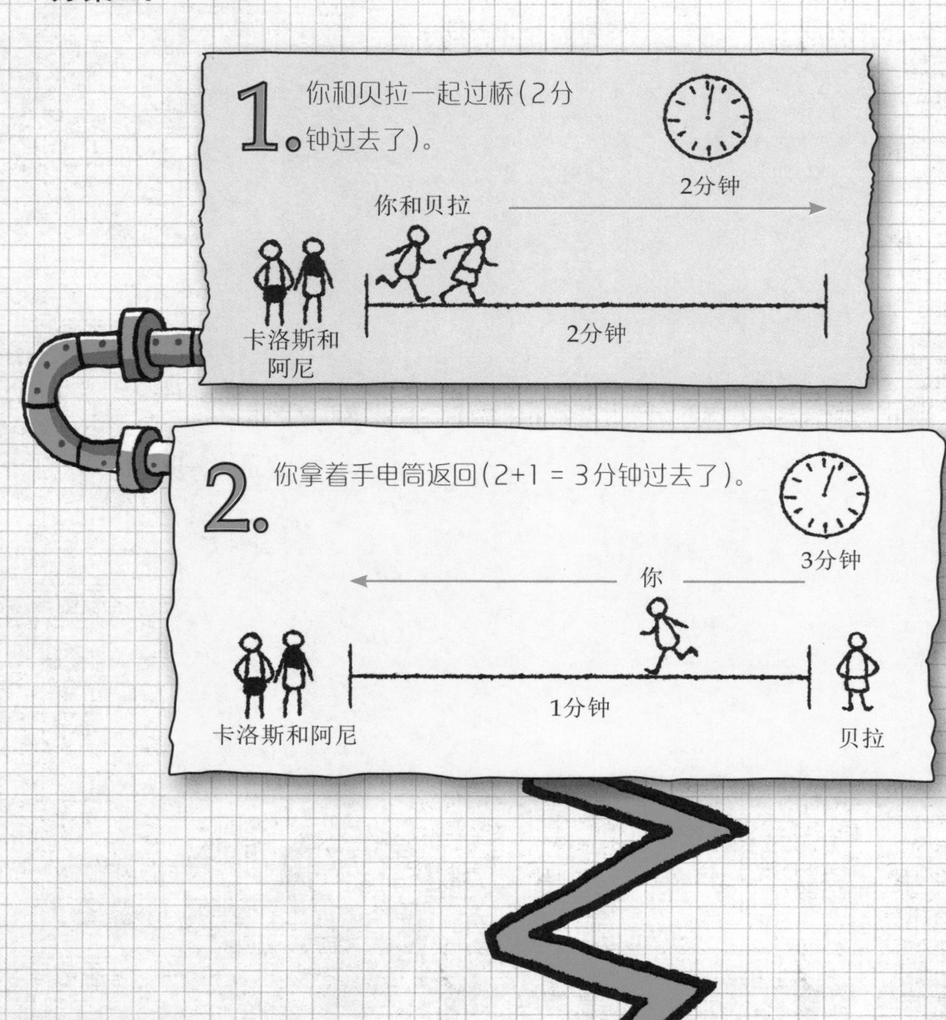

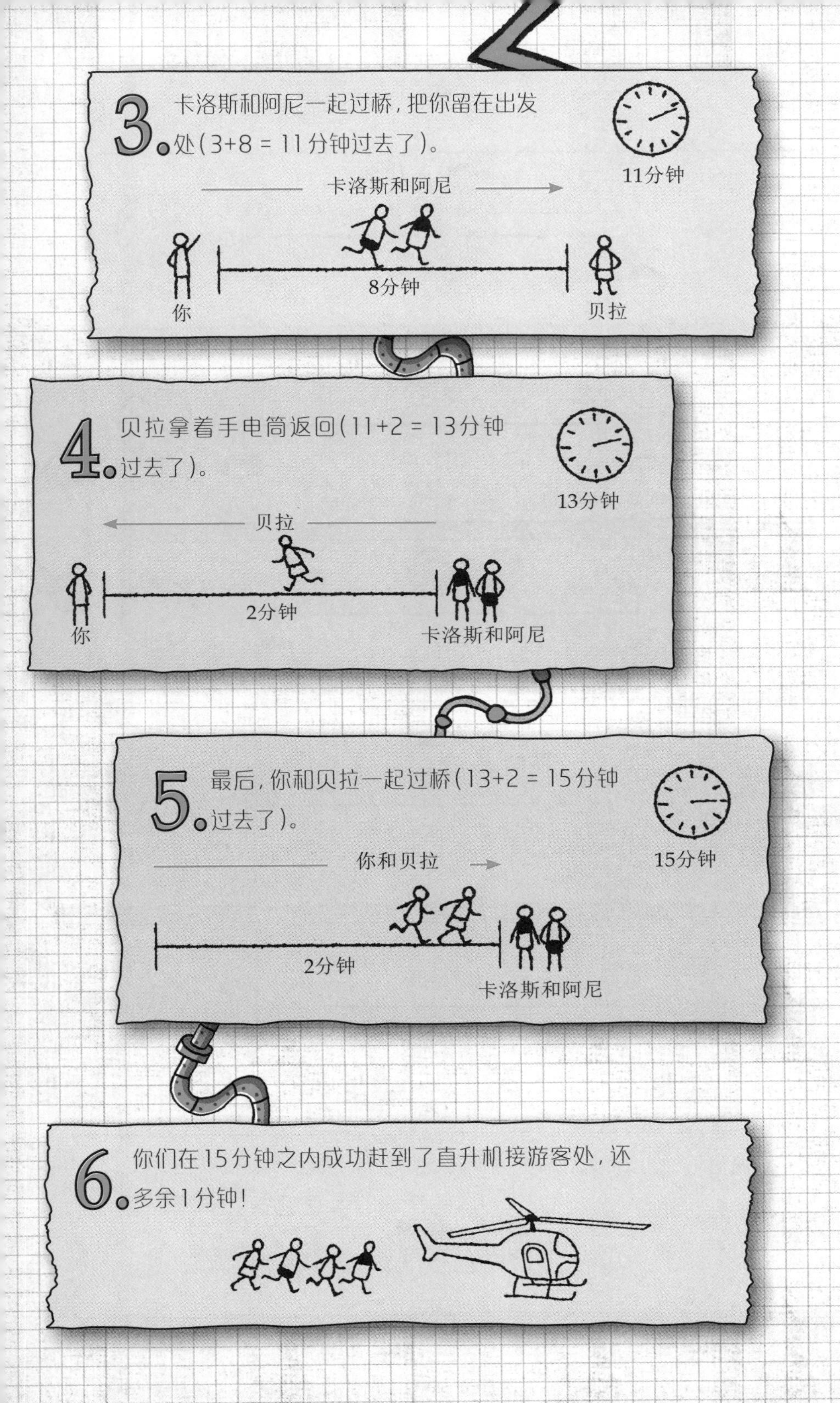
3. 卡洛斯和阿尼一起过桥，把你留在出发处（3+8 = 11分钟过去了）。
11分钟
卡洛斯和阿尼
8分钟
你
贝拉
4. 贝拉拿着手电筒返回（11+2 = 13分钟过去了）。
13分钟
贝拉
2分钟
你
卡洛斯和阿尼
5. 最后，你和贝拉一起过桥（13+2 = 15分钟过去了）。
15分钟
你和贝拉
2分钟
卡洛斯和阿尼
6. 你们在15分钟之内成功赶到了直升机接游客处，还多余1分钟！

方案B:

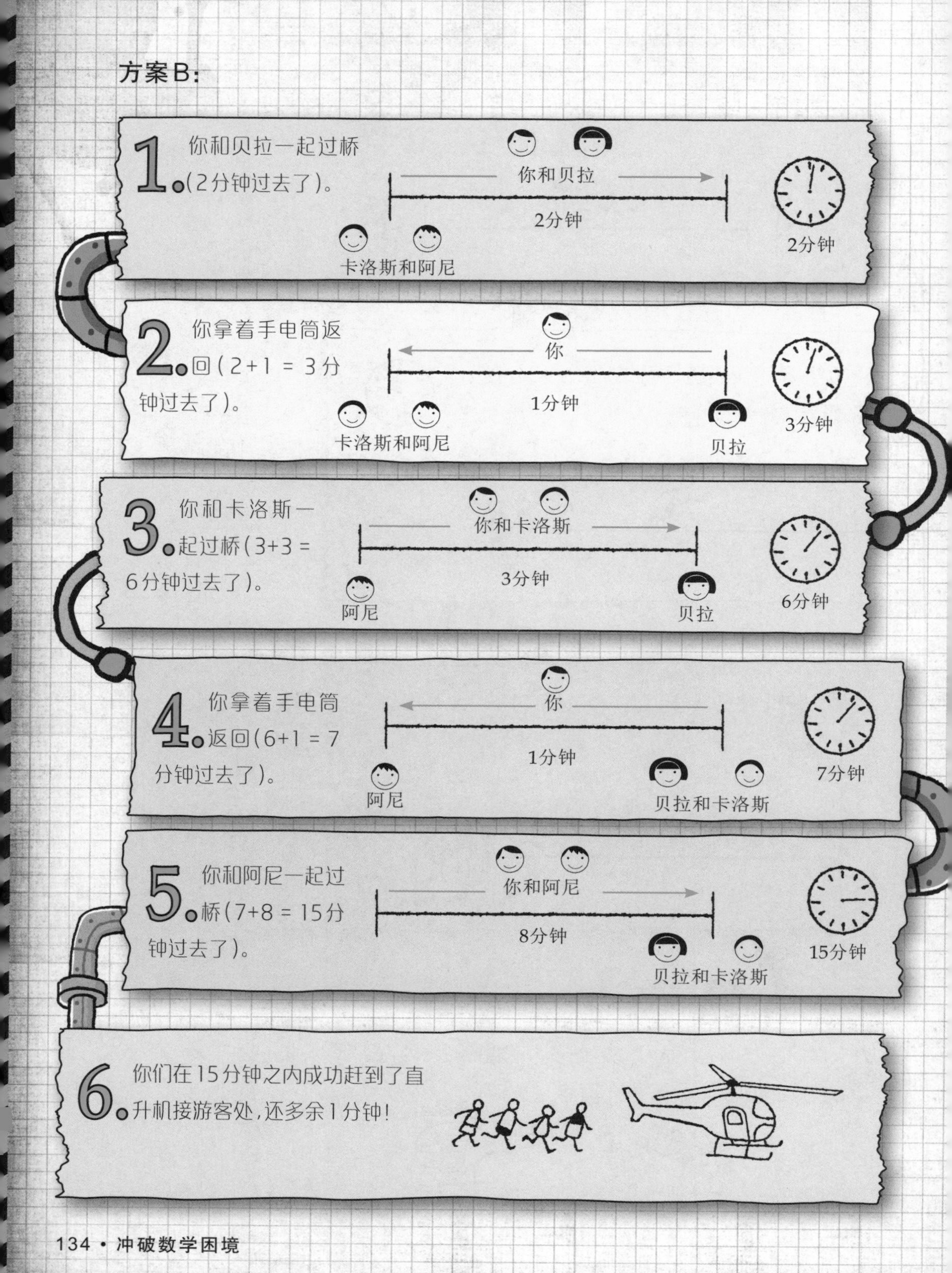
1. 你和贝拉一起过桥（2分钟过去了）。
你和贝拉
2分钟
卡洛斯和阿尼
2分钟
2. 你拿着手电筒返回（2+1 = 3分钟过去了）。
你
1分钟
卡洛斯和阿尼
贝拉
3分钟
3. 你和卡洛斯一起过桥（3+3 = 6分钟过去了）。
你和卡洛斯
3分钟
阿尼
贝拉
6分钟
4. 你拿着手电筒返回（6+1 = 7分钟过去了）。
你
1分钟
阿尼
贝拉和卡洛斯
7分钟
5. 你和阿尼一起过桥（7+8 = 15分钟过去了）。
你和阿尼
8分钟
贝拉和卡洛斯
15分钟
6. 你们在15分钟之内成功赶到了直升机接游客处，还多余1分钟！

数学实验室

得出这个挑战的解答依赖于记住每个人在体育课上能够走或者跑多快。在学校里，你们可以互相计时，看看每个人走过一座120米长的索桥需要多长时间！你们需要可以在前面延伸出去30米的场地，所以可以在操场上做这个实验。

实验器材

- 卷尺
- 胶带或粉笔
- 钢笔或铅笔
- 秒表或其他计时器
- 一些朋友（要记录大家行走的时间）

实验步骤

1. 首先，你需要在操场上标出120米的距离，然后每隔6米贴一小条胶带进行分段。

2. 用钢笔在这些胶带上标明距离(6米,12米,18米等等)。

3. 让第一个人站在起点。当计时员给出一个信号时,第一个人就开始以他正常的速度行走。

4. 当计时器显示8秒时,计时员应大喊:"停!"

5. 让每个人重复第3步和第4步,记下每个人走过的距离。

6. 现在,你们每个人都得到一个数,告诉你们"8秒内走了x米"。

7. 如果人行索桥有120米长,要计算每个人过桥需要花费多长时间,需要建立一个简单的算式:用120除以x(它是8秒内行走的距离)。这个算式求得的是120是x的多少倍,也就是120米是你8秒内走过的距离的多少倍。

8. 用第7步得到的数乘以8,可以计算出每个人走120米所需要的时间。每个人所需的时间应该互不相同。你可以根据这些信息设计出一个"过桥"方案吗?

猜出来的？不，高斯算出来的！

数学史上最好的故事之一是关于一位脾气暴躁的教师和一位天才男童的。德国数学家高斯第一次上数学课时只有7岁，但是他的老师布特纳先生喜欢给他们布置高难度的作业。

布特纳先生要孩子们计算出1到100的总和。他坐下来，收拾了一下桌子上的东西，然后抬起头，看到孩子们正急急忙忙地在记事板上乱写。只有一个孩子例外。他就是高斯，他静静地坐在那里，双手交叉。

布特纳先生收上来的记事板上都布满了数字和涂改的痕迹。只有高斯的例外。

他的记事板上只写着5050，这就是正确答案！

他是怎么做到的呢？

像其他许多伟大的思想家一样，高斯能够找到简单的解决方法。他很快意识到第一个数和最后一个数（1和100）的和是101。同样地，第二个数和倒数第二个数（2和99）的和也是101。照此继续下去，他发现每组数的和都等于101：

$$
\begin{array}{rrrrcr}
 & 1 & 2 & 3 & \cdots & 50 \\
+ & 100 & 99 & 98 & \cdots & 51 \\
\hline
 & 101 & 101 & 101 & \cdots & 101
\end{array}
$$

一共有50组数，每组的和都是101，所以总和为50 × 101 = 5050。真简单！（如果你是一位只有7岁的天才。）

ROUTE
66

第15关

存活机会：你几乎不行了

存活手段：比和比例

死　　因：自然的力量

身后的龙卷风

挑战

你正沿着堪萨斯西部一条平坦的乡间公路急速行驶，从后视镜中可以看到本季最大的龙卷风似乎在跟随着你，而且越来越近了。

真是教训！以后再也不要答应像这样的请求："嘿，我可爱的兄弟（姐妹），可以帮我一个忙吗？"

一切都源于你的兄弟，威尔。他总认为自己是一个勇敢的"风暴追

超级雷雨胞

有时候，云团形成的雷雨云会变得更大、更有威力。这些巨大的云团可以形成人们所说的超级雷雨胞，那是一种极其高大、黑压压的云塔。一切正常雷暴雨所拥有的东西都被大大增强了，如降雨(甚至降雹)量，闪电的频率，还有最重要的风速。超级雷雨胞是产生龙卷风的巨型风暴云。

逐者"，他叫你开车载他去麦克林托克镇。你竟然同意了，这是个多么严重的错误啊！当你们到达麦克林托克镇时，灾难降临了！你左转(向西)，沿着仅有的一条通畅的公路离开这个镇，能开多快就多快。广播新闻报道说，龙卷风也在向西移动，速度是每小时30英里(1英里约为1.6千米)，大家得赶紧寻找避难所。

你们正以最快的速度前往最近的避难所。你放慢了车速，开始寻找那个风暴避难所。天晴时，这个地方似乎很容易找到。你把车停下来继续搜寻，突然，一道闪电！接着是隆隆的雷声。闪电和雷鸣提醒你龙卷风正在靠近。出于本能，你开始数数。雷声经过50秒传到你们所在的位置。威尔这个业余的风暴追逐者知道，在你们所处的海拔，声音的传播速度约为每秒0.2英里。

在一切(包括你和威尔)都被龙卷风卷走之前，你们还有多少时间可以寻找风暴避难所？

欧几里得的建议

写下你所知道的一切。

- 龙卷风正以每小时30英里的速度朝着你们行进。
- 雷声历时50秒传到你们所在的位置。
- 你们能即时看到闪电，因为光速特别快。
- 雷声的传播速度为每秒0.2英里。

工作单

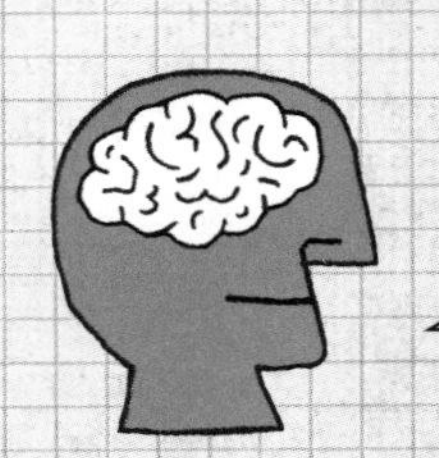

答案

如果你们能在20分钟内找到风暴避难所，你们就能幸免于难。

解答步骤：

1. 首先，计算出龙卷风距离你们有多远。如果声音的传播速度是每秒0.2英里($\frac{0.2}{1}$)，那么建立一个比例式就可以算出声音传播1英里需要多少秒，我们把它设为变量S。

$$\frac{0.2}{1}=\frac{1}{S},$$

$$0.2S = 1,$$

$$S=\frac{1}{0.2},$$

$$S = 5（秒）。$$

这说明声音传播1英里需要5秒的时间。

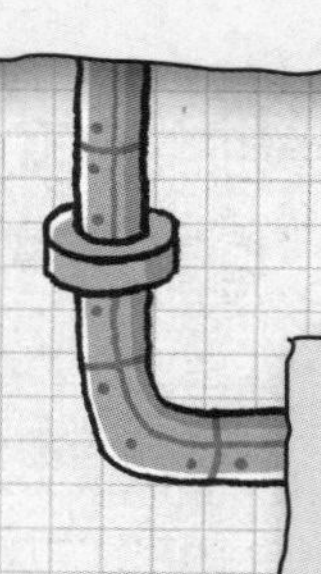

2. 雷声需要50秒传到你们所在的位置。如果声音传播1英里需要5秒，那么用50除以5就可以算出声音传播的距离(也就是龙卷风离你们的距离)。

$$50 \div 5 = 10(英里)。$$

这说明龙卷风距离你们10英里。

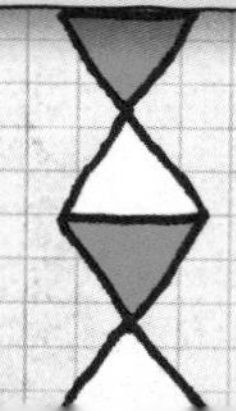

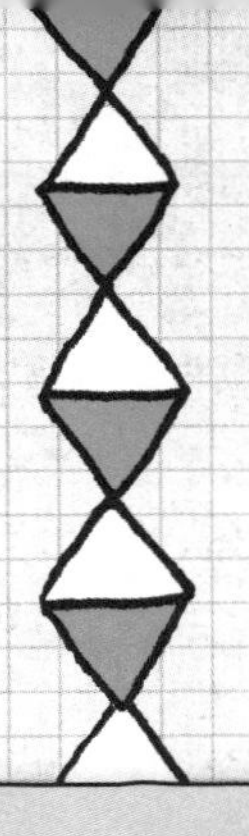

3. 接下来，计算龙卷风到达你们所在的位置所需要的时间。龙卷风的速度是每小时（60分钟）30英里，因此建立一个比例式就可以求出龙卷风行进10英里需要多少分钟，我们把它设为变量t。

$$\frac{30}{60}=\frac{10}{t},$$

$$30t=600,$$

$$t=20\text{（分）}。$$

这说明在龙卷风到来之前，你们有20分钟的时间去寻找风暴避难所。

数学实验室

声音以声速在空气中以波的形式传播。这是什么意思呢？声波在特定的时间内，只能传播特定的距离。在“身后的龙卷风”这个挑战中，我们用每秒0.2英里来表示声速。

下面我们用一个有趣的方式来演示水波的传播。虽然它跟声波并不完全相同，但在这个实验中你能理解波在水里传播的方式。要取得理想的效果，你们需要一片大面积且平静的水面。所以，你们要尽量赶在别人之前，早早地来到池塘或游泳池边。

实验器材

- 平静的水面
- 卷尺
- 2个朋友
- 秒表或计时器
- 两根长棍子或一些小石头

实验步骤

1. 在池塘（或游泳池）边上确定一个你想要开始测量的地点。

2. 沿着池塘（或游泳池）的边缘量出一段6米的长度，然后用一根棍子或一块石头做好标记。

3. 让一个朋友站在6米标记的旁边（陆地上），让第二个朋友拿着计时器，站在尽量靠近起点（也在陆地上）的地方。

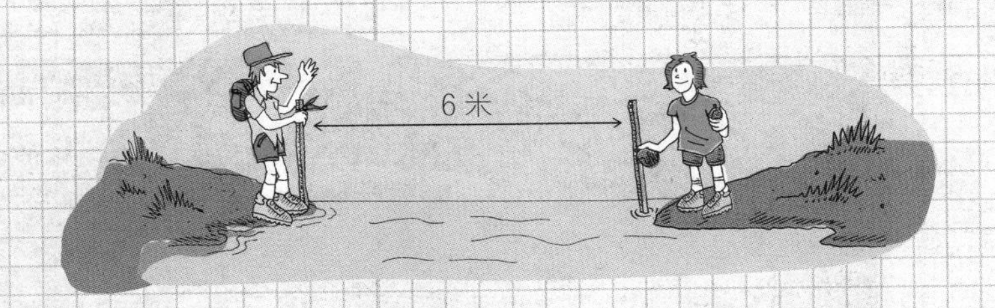

4. 发出给定信号的同时，在起点的位置丢下一块石头或者将一根棍子插入水中。当石头或者棍子碰到水面的时候，拿计时器的朋友开始计时。

5. 你的第二个朋友应该紧盯着第一个波纹（最外面的那圈），一旦它到了6米标记的地方，即刻喊“停！”

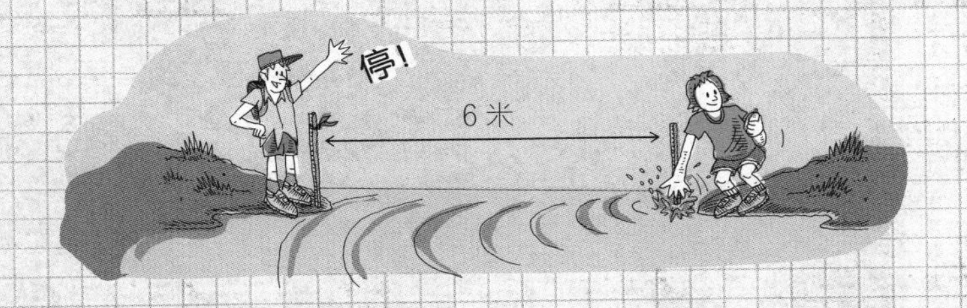

6. 现在，你得到了一个数值，它表示水波传播6米需要的时间。

7. 根据这个，你可以算出水波传播30米，甚至300米需要的时间吗？

8. 最后，根据你算出的水波传播300米所需的时间，估算一下同一个水波传播1千米需要的时间。它比声速快些还是慢些？

解答：要计算出水波传播30米所需要的时间，只要将在第6步中得到的数值乘以5。再将得到的数值乘以10就可以算出水波传播300米所需的时间。最后，将刚刚得到的数值乘以$\frac{10}{3}$就可以知道水波传播1千米大概需要的时间。

< PLANETARY DEFENSE >
P1234
56789
500
B
R
π
6P
W
D 8000.00
C = π D
25,120 MILES
HAL9001
A 05 / 11 / B 09 22 / C 01 04 :00:00:02
ED
1 2 3 +
4 5 6 -
7 8 9 0

第16关

存活机会：你几乎不行了

存活手段：几何学

死　　因：小行星

挑战

时光飞到2133年。你是地球防卫部的总工程师。地球防卫部是保护银河系中的行星免遭各种威胁的跨星系组织。迄今为止，你已经让17颗脱离轨道的卫星气化消失了，你还拯救了一艘从火星聚居地返回地球的、损坏的太空飞船。

现在你面临一个更大的威胁。你正在相邻行星系的一颗叫“派迪星”的行星上监督太阳风防护罩的安装。此时，地球防卫部发现，一颗巨大的、对行星极具破坏性的小行星正径直向派迪星飞来。幸运的是，防卫部有一个解决方案——可以给派迪星围一圈光缆，就像给人系一圈腰带一样。当小行星足够靠近派迪星表面的时候，可以通过光缆向小行星发送电荷，使它破碎解体。

你被任命为负责光缆安装的主管。为完成这项工作，你得到了派迪星直径的精确地质测量值：恰好8000英里。然后，就可以利用著名的公式$C=\pi D$（其中C表示圆的周长，D表示圆的直径）计算出环绕这颗行星一圈的长度（也就是它的周长）了。

π是表示圆内确定关系的特殊常数。它的小数形式为3.141 592 653 589…，可以无穷无尽地继续写下去。由于写出所有的小数位太费时间，我们经常使用π的舍入值进行计算。你采用的舍入值是3.14，这样能节省计算时间，但是得到的结果是近似值。

你代入已知的数（D和π），得到：

$$C=3.14\times 8000=25\,120\text{（英里）。}$$

这正是你带领的团队制造的光缆长度。你向上司解释这个过程，上司说道："你是沿着派迪星的表面测量的，是不是？"

"呃，是的，"你回答道。

"如果小行星接触到派迪星，电荷会被派迪星吸收。我们要在派迪星和光缆之间留出半英尺的间隙。你们最好在光缆上补接一段，但是要快。小行星正在靠近。"

你从房间走出来，思索到："补接一段？绕行整颗行星光缆上的补丁？！"

如果近似到百分位，你需要补接多少英尺长的一段？是否可以用线性方程求解，以避免涉及太多数位的计算？

线性方程

线性方程由两个相等的数学表达式构成。方程中有一个或多个值是未知的，这些未知值称为变量，常用字母x、y等表示。为什么线性方程有助于问题的求解呢？因为它们简化了问题！你可以用较少的步骤得到同样多的结果。当你求解包含两个以上变量的方程时，你会乐于知道如何建立线性方程。

欧几里得的建议

保持冷静，写下所有已知条件。

· 派迪星的直径为8000英里。

· 1英里等于5280英尺。

· 现有的光缆长25 120英里。

· 但是光缆要安装在距派迪星表面半英尺的地方，这意味着直径的数值要增加1英尺（每一端各增加半英尺）。

· 当把这额外的1英尺考虑进来后，你要计算出圆的周长会增加多少。补丁的长度就是这增加的长度。

提示：线性方程有助于求解。对本题中的计算，你可以全部采用英尺为单位，并使用计算器！

工作单

你的解答

答案

你只需要补接π（3.14）英尺的光缆！

解答步骤：

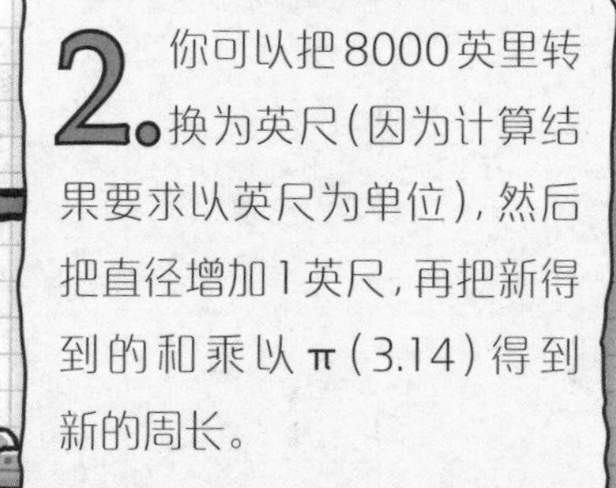

1. 补接一段光缆会让派迪星的直径增加1英尺（每一端各增加半英尺）。但是因为光缆太长，所有的测量结果是用英里作单位的。

2. 你可以把8000英里转换为英尺（因为计算结果要求以英尺为单位），然后把直径增加1英尺，再把新得到的和乘以π（3.14）得到新的周长。

3. 但是这样做工作量很大。我们可以通过建立线性方程来简化计算，我们将会发现这里涉及的大数A实际上并不影响结果。把原始直径设为变量A，用另外一个变量e表示直径增加的值。用含变量A的表达式来表示，原来的周长是πA。

4. 现在，写出表示新周长的方程。把A和e两部分加起来得到新的直径，再把这个和乘以π得到新的周长。

$$\pi(A+e)=\text{新的周长。}$$

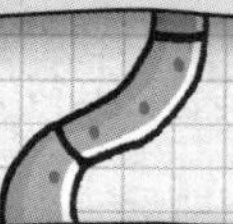

5. 根据乘法分配律，上述方程可展开为：

$$\pi A+\pi e=\text{新的周长。}$$

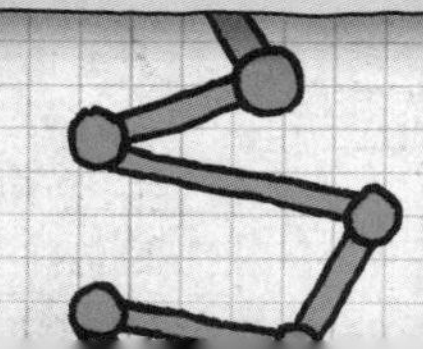

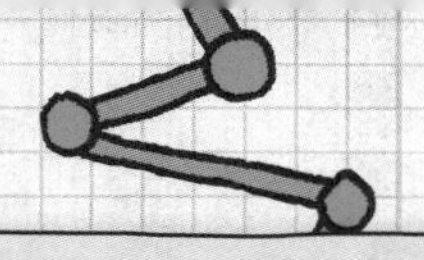

6. 因为你已经知道原来的周长为 πA，所以你可以把它从上面的式子中减去，得到你要补接的光缆的长度：

$$\text{补丁长度} = \text{新的周长} - \text{原来的周长}$$
$$= (\pi A + \pi e) - \pi A$$
$$= \pi e。$$

这说明A的具体取值对结果没有影响。我们说它“被抵消掉了”。你要做的就是求出πe的值。那e代表什么呢？多出的1英尺直径！所以补丁长度为：

$$\pi e = 3.14 \times 1 = 3.14\text{（英尺）}。$$

哇！这说明只要3.14英尺长的补丁就足以把整条光缆抬高至派迪星表面上方半英尺处！

7. 你想通过完整的计算来证明上述结果的正确性吗？拿出计算器，代入这些数。但是，如果你想得到正确的答案，你需要一台至少可以显示11位数的计算器。用纸笔计算可能会更精确。

首先，以英尺为单位表示原来的直径。1英里等于5280英尺，所以8000英里等于8000×5280英尺，即42 240 000英尺。在派迪星直径的两端各加上半英尺后，新的直径即为42 240 001英尺。把这两个大数都乘以 π，就得到原来的周长和新的周长：

$$42\,240\,000 \times 3.14 = 132\,633\,600\text{（英尺）},$$
$$42\,240\,001 \times 3.14 = 132\,633\,603.14\text{（英尺）}。$$

现在用新的周长减去原来的周长：

$$132\,633\,603.14 - 132\,633\,600 = 3.14\text{（英尺）}。$$

就是 π 英尺！太令人震惊了！

数学实验室

上面的挑战让你直摇头，并怀疑自己是否得到了正确的结果。它确实是正确的，你可以通过手算得到同样的结果。你并不需要绕行星一周，也不需要以英里或英尺为单位计算：以厘米为单位计算，你也会大吃一惊。

记住，圆的直径(D)是穿过圆心的弦，圆的半径(r)是直径的一半。圆的周长公式可表示为：

$$C = \pi D \text{或} C = 2\pi r。$$

实验器材

- 两张空白纸
- 约1米长的细绳
- 铅笔
- 圆规
- 尺

实验步骤

1. 把圆规支点固定在一张空白纸的中间，将圆规另一脚掰开，使两脚间的距离正好为3厘米(即设定圆的半径为3厘米)。

2. 用圆规小心地画一个圆。

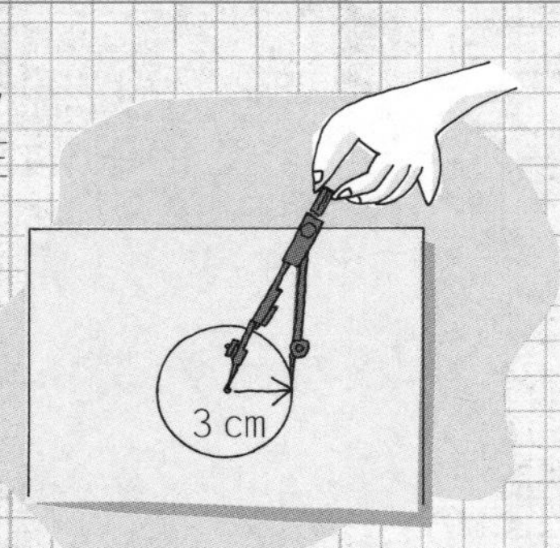

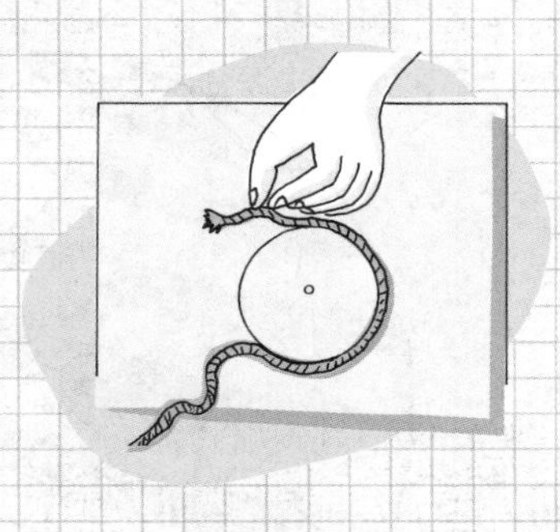

3. 拿出细绳，仔细地绕圆一周（你的这个动作其实是在测量圆的周长）。在细绳上打个结作为标记。

4. 用尺测量细绳从端点到打结处的长度。在另一张纸上写下测量到的数据，并在旁边标注——直径：6厘米，半径：3厘米。

5. 把圆规两脚间的距离增加0.5厘米，得到新半径3.5厘米。

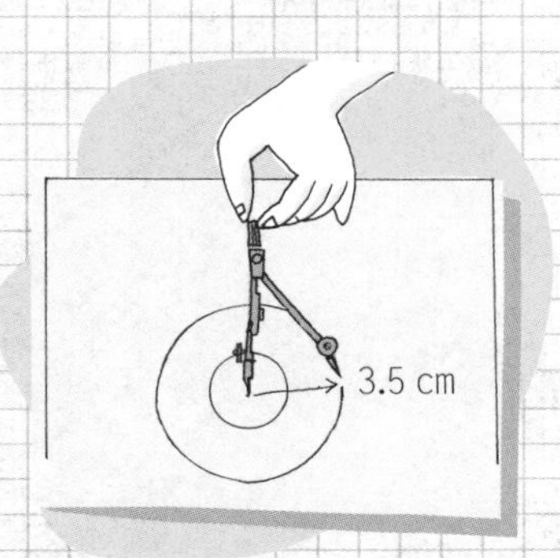

6. 以此半径画一个与前面的圆同心的圆。

7. 重复步骤3和4，用细绳量出新圆的周长，并在纸上记下周长值及对应的新半径和新直径。

8. 继续这么做，每次把半径增加0.5厘米。

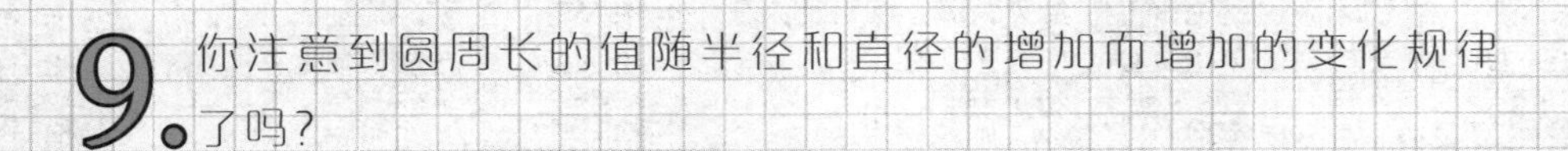

9. 你注意到圆周长的值随半径和直径的增加而增加的变化规律了吗？

解答： 半径每增加0.5厘米（直径增加1厘米），圆的周长增加3.14（π）厘米。当你再看圆周长公式时，就能够理解了，是吗？

120
SECONDS

第 17 关

存活机会：你几乎不行了

存活手段：比和比例

死　　因：太空飞船

挑战

你被美国国家航空航天局选中，单身去执行一项绝密任务——绕地球轨道飞行并收集一颗卫星的重要数据。没有人告诉你任何细节，但是你十分肯定中央情报局也参与其中，所以你知道这份情报真的很重要。你刚刚完成这个耗时14小时的任务，返回地球大气层，溅落到大西洋，一切都按计划进行。附近的一艘航空母舰打算派一架救援直升机到海上接你，并把你安全地带到甲板上。

可是，你并没有发现直升机的踪影。好在你从来不会（因为异常恐怖的处境）感到惊慌：不论你是在重读你最喜爱的书，抑或被一头灰熊追杀，你的心跳频率一直保持在平稳的72次/分。

这时，你意识到了另一件事——你正被困在一个密封的航天舱内。你计算了一下，舱内的氧气还可供你呼吸两分钟，所以是时候打开舱口盖了。想清楚你知道的和你要做的。

首先，舱口盖有一些内置的防护装置，所以它不会被意外地打开。你必须输入一串密码，然后等候恰好35秒，再操纵把手打开舱口盖。快1秒或慢1秒，你都得从头再来。但在刚好14小时以前，你摘下了你的腕表。在摘下腕表的那一刻，你吻别了你唯一的计时装置。真是如此吗？

利用已知信息，你如何能够准确地计时35秒？

欧几里得的建议

写下所有已知条件。

- **任何情况下，你的心跳频率都保持在平稳的72次/分。**
- **剩下的空气够你呼吸两分钟。**
- **你必须在输入密码后恰好等待35秒再打开舱口盖。**

工作单

答案

输入密码后数42次心跳，然后打开舱口盖。

解答步骤：

1. 由于你在有压力的情况下也能保持冷静，所以你的心跳很平稳，你可以用它代替手表。你的心跳频率为72次/分。建立一个比来表示这些数据。

$$\frac{72\text{次}}{60\text{秒}}。$$

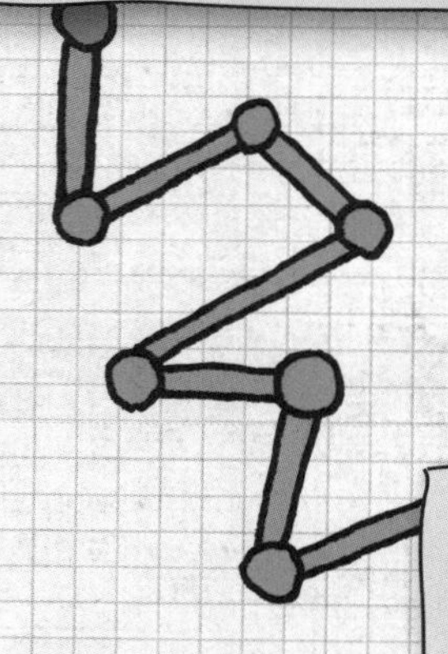

2. 建立一个比来表示35秒内你的心跳次数，设它为变量h。

$$\frac{h\text{次}}{35\text{秒}}。$$

3. 由于你要求解的值是一个比的一部分，而这个比你是知道的，就是你的心跳频率。下面建立方程：

$$\frac{72\text{次}}{60\text{秒}}=\frac{h\text{次}}{35\text{秒}}。$$

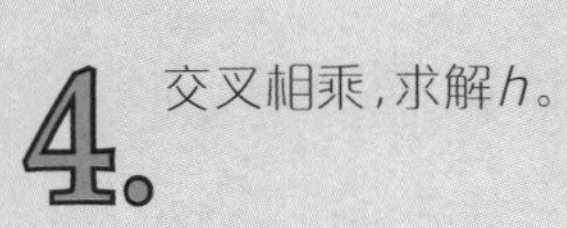

4. 交叉相乘，求解 h。

$$60h = 2520，$$
$$h = 42。$$

这说明在35秒内，你的心跳次数为42。你能在有压力时保持冷静真是棒极了！

数学实验室

你可以很容易地测量自己的脉搏。你只需要一块手表或一个能计秒的计时器。把一只手的食指和中指放在另一只手的手腕内侧，大拇指的正下方。轻轻移动手指，直到你感觉到轻微的跳动（这就是你的脉搏）。

把手指一直放在脉搏上，数出30秒内的跳动次数。

你如何通过这个数据求出你每分钟的脉搏数？

实验器材

- 手表或计时器

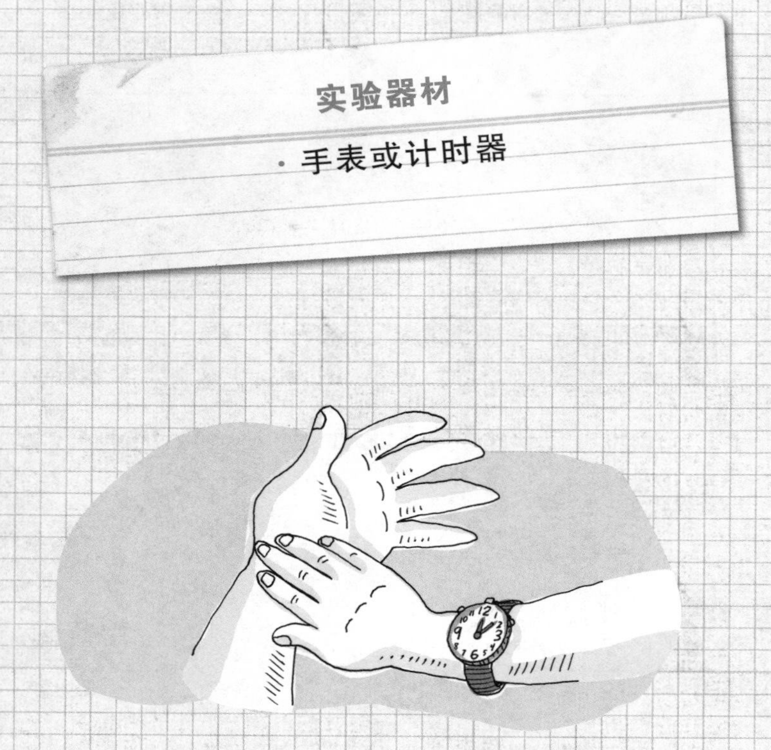

解答：把30秒的脉搏数乘以2即得到每分钟的脉搏数。

脑力锻炼

四个9

快来看！这里有一个数学难题：

用四个9写一个数学算式，使其结果等于100。

你能在2分钟或者更短的时间内想出来吗？

解答：

$99+(\frac{9}{9})=100$。

PRESS
and
WAIT

第18关

存活机会：你几乎不行了

存活手段：分析思考能力

死　　因：疯狂的邻居

挑战

当“大反派”仅仅出现在你爸爸喜欢看的那些“007系列”电影中时，生活会显得简单许多。谁会想到当你像往常一样准备去参加足球训练的时候，会被一个“大反派”俘虏了呢？

“你喜欢我的小屋，是吗？”那个老男人问道。“看看我这里有什么让你吃惊的东西。南太平洋的干瘪头颅，北达科他荒原的狼头骨，加勒比海盗沉船上的两个沙漏——它们是大海盗红胡子的东西。一个沙漏计时9

船底拖刑

前面危险！对17和18世纪的水手来说最毛骨悚然的惩罚就在眼前！受罚的水手会被套在一根绳子上(绳子的另一端结在船底最深的龙骨处)，从甲板上扔下去。之后，他会被绳子牵着从船的一边拖到另外一边，或者从船头拖到船尾。在实施船底拖刑的过程中，许多水手淹死了，另一些人则被附着在船底的坚硬甲壳动物划成了碎片。

分钟，另一个计时13分钟。9分钟是抽一个人100下鞭子的时间，13分钟是红胡子对那些惹恼他的人执行船底拖刑的时间。"

"明天你就会知道对你的惩罚，"他继续说道。"不要想着能从这扇门逃出去。如果想打开它，你要按下这个按钮，并等待正好30分钟后再次按下它。太快按下按钮，或延迟30秒后再按，门都不会打开。对了，我会拿走你的手表和手机。"说完，他砰的一声把门关上离开了。

你该如何利用这两个沙漏，通过一步步操作，准确计量出30分钟的时间，并顺利逃脱呢？

欧几里得的建议

写下所有已知条件。

- 唯一的逃生机会是利用奇怪的计时方式打开门。
- 你要想一些办法精确计量出30分钟。
- 唯一可用的计时装置是两个来自海盗船的沙漏：一个计时9分钟，另一个计时13分钟。

提示：画一个线图来帮助你记录每一步。

工作单

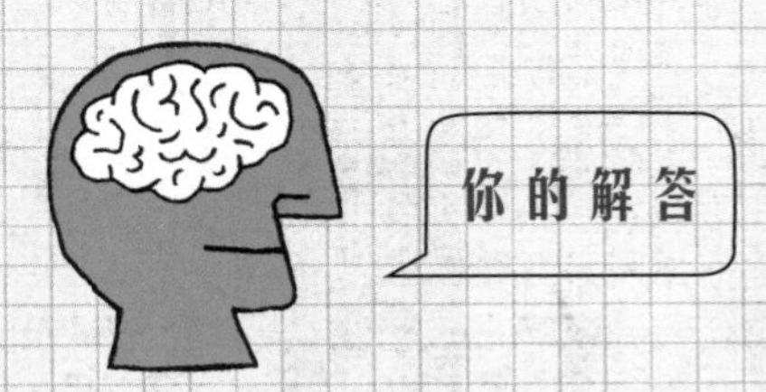

答案

你可以综合利用两个沙漏得到正好30分钟。
这个问题不止一种解法，下面给出其中一种。

解答步骤：

1. 把两个沙漏竖起来，让沙子全集中在底部，而上部全是空的。

2. 把两个沙漏都翻转过来，开始30分钟计时。按下门上的按钮。画一幅线图来记录每一步。

3. 当小沙漏上部流空时，快速把小沙漏翻转过来。此时过去了9分钟。

4. 当大沙漏上部流空时，对它什么也不做，但把小沙漏翻转过来。此时过去了13分钟。

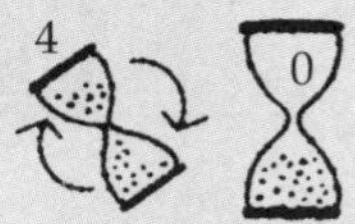

注：在小沙漏流空之前把它翻转过来，相当于对小沙漏进行了重新设置，它现在是4分钟的沙漏了。

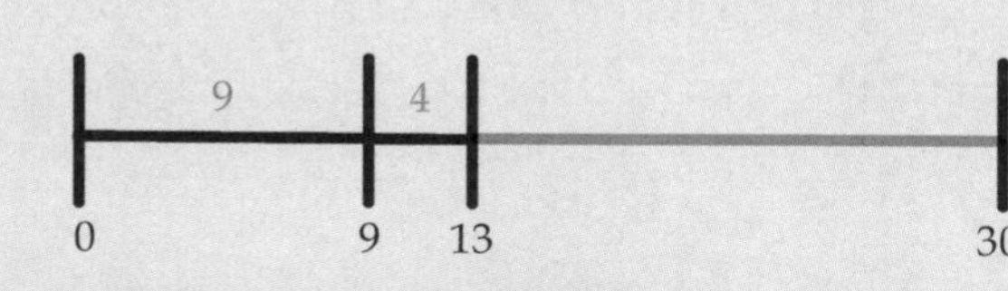

5. 当小沙漏上部流空时，对它什么也不做，但把大沙漏翻转过来。此时过去了17分钟。

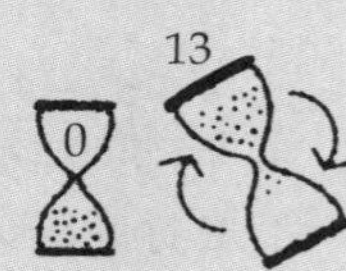

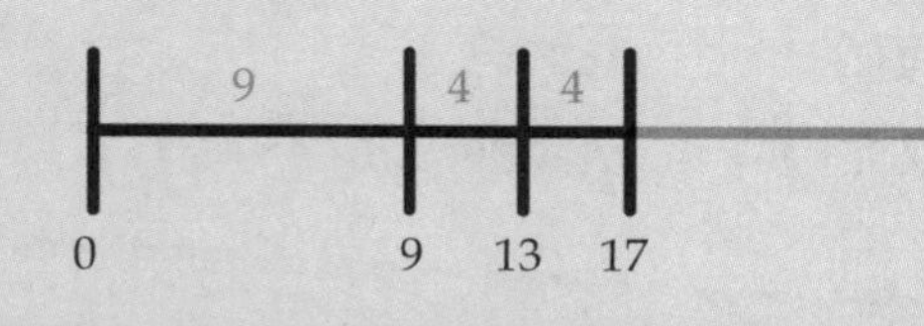

6. 大沙漏上部全部流空，恰好需要13分钟。此时恰好过去了30分钟。

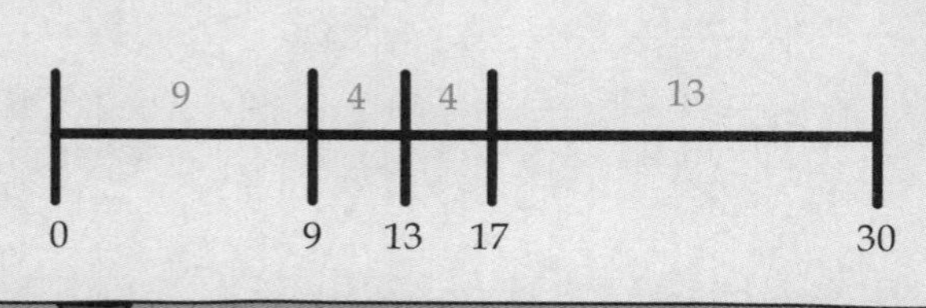

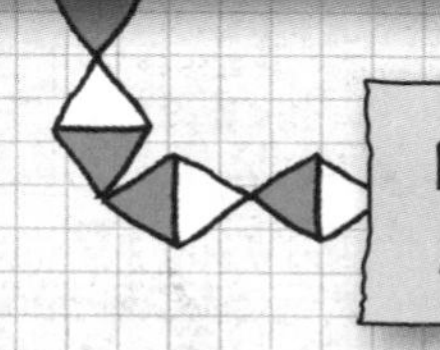

7. 再次按下门上的按钮，打开门。你自由了！

数学实验室

通过自己制作沙漏，你可以真正体验上面的挑战。你可能发现自己并不是以小时来计时的，但你总会做出一个固定时段的计时器。当然，你一共要做两个（沙子数量不同的）沙漏，与挑战中的情况类似。但为了掌握要领，先做一个吧。

实验器材

- 帮你处理较难部分的成人
- 两个完全一样的、干净又干燥的小饮料瓶（越小越好）
- 其中一个饮料瓶的瓶盖
- 漏斗
- 少量沙子（足够装满一个瓶子的一半）
- 锋利的小刀或钉子
- 胶带
- 时钟或秒表

实验步骤

1. 利用漏斗往一个瓶子里装沙子，装到约瓶身一半的位置。

2. 请一个成人用小刀或钉子帮你在饮料瓶盖上打一个小孔。

3. 用瓶盖盖住装了沙子的饮料瓶，拧紧。

4. 把空的饮料瓶倒过来，放到装有沙子的瓶子上，对准瓶口，使它们在一条直线上。

5. 把两个瓶口小心地用胶带绕紧，确保空瓶的瓶口对准另一个瓶的瓶盖。

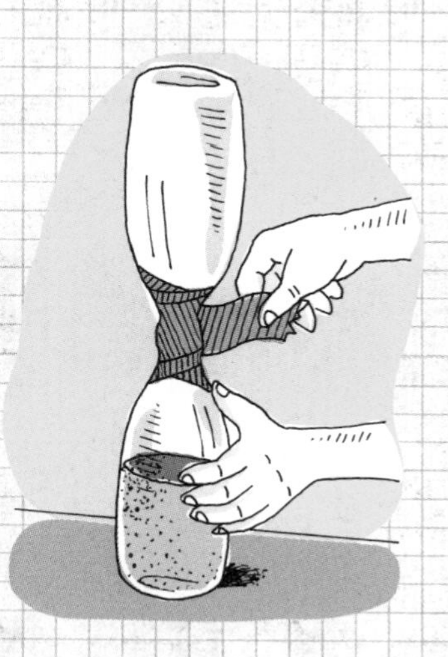

6. 确保两个瓶子被牢牢地绑在了一起。

7. 看一下时钟上的时间，翻转沙漏。开始时，你可能需要握住沙漏的底部，好让它站稳。

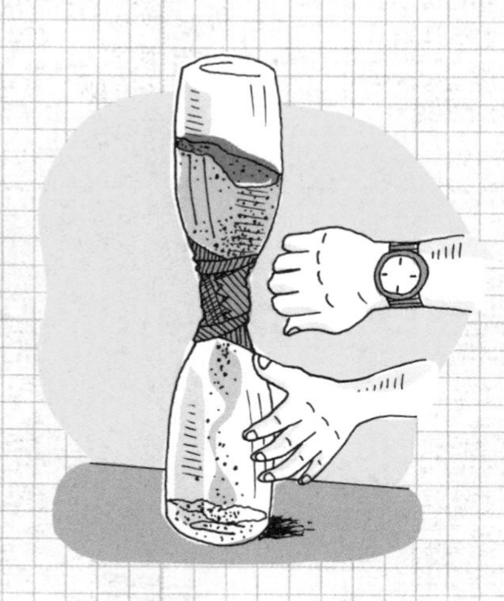

8. 当上面瓶子里的沙子全部漏空时，再看一下时间。这就是此沙漏可以测量的时间段。

9. 你可以往瓶子里加一些沙子使它可以测量的时间更长，或者倒掉一些沙子使它可以测量的时间更短。

高级挑战

STORE
24
HOUR
CAB

第19关

存活机会：你死定了

存活手段：表达式和方程

死　　因：失血过多

挑战

你一直不相信有吸血鬼存在，直到有一天你亲眼看到了一个。他刚刚来到城里，是一个长相奇怪的家伙，到目前为止，他看起来好像都以周围的流浪猫为食。问题在于，除了你以外，没有其他人见过他。并且除了你最好的朋友杰米外，没有人相信你。巧的是，杰米是吸血鬼方面的专家。杰米认为，吸血鬼只在夜晚出来，并且他们每个月只进食两次。吸血鬼的进食就是吸取一个人的血液，而且当他们进食完后，被吸血的那个人也变成了吸血鬼。一个月后，每个这样的新吸血鬼又可以把另外两个人也变成吸血鬼。

“但是为什么那个家伙只以猫为食呢?”你问杰米。

“它们只是开胃菜罢了,”杰米解释道。“在下一个月圆之夜,他就会寻求人的血液。不过值得庆幸的是,城里只有一个吸血鬼。单单一个吸血鬼能带来多大危害呢?”

“非常大的危害!”你回答道。“这个城市住着50万人口,是吧?这意味着,我们若不能在下一个月圆之夜前找到这个吸血鬼,我们的城市很快就会被吸血鬼完全接管!”杰米不相信你,所以你必须要证明给他看。

如果吸血鬼只以你们城市的居民为食,大约几个月后城里的50万人口会全部变成吸血鬼?

欧几里得的建议

记住3的幂!当数持续3倍3倍地增长,事情会很快变得失控。一旦你发现吸血鬼数量的增长规律,建立一个线性代数方程会有帮助。你需要设两个变量,一个代表现有吸血鬼的数量(已知数),另一个代表新产生的吸血鬼的数量(你要求的未知数)。然后,绘制一个表格或图,来罗列这些数据。

首先,写下所有已知条件。

- **目前城里只有一个吸血鬼。**
- **城里住着50万人口。**
- **每个月,一个吸血鬼会吸食两个人的血,把他们也变成吸血鬼。**

工作单

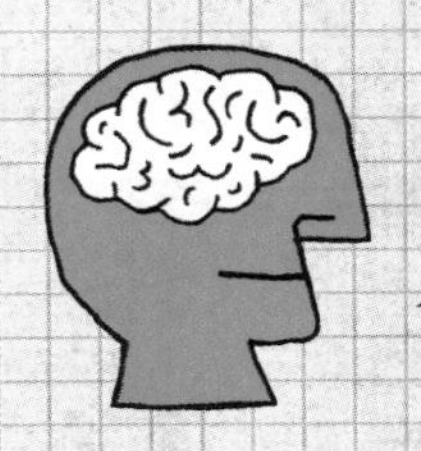

答案

12个月后，整个城市就全是吸血鬼了。

解答步骤：

1. 首先，找出规律。因为每个吸血鬼每月要吸食两个人的血并把他们变成吸血鬼，所以吸血鬼的数量每月会增长到原来的3倍。

2. 一个月后，2个人会变成吸血鬼。

$$1 \times 2 = 2$$（个）。

这2个吸血鬼加上原来的1个吸血鬼，得吸血鬼总数为3。

$$2 + 1 = 3$$（个）。

3. 两个月后，这3个吸血鬼中的每一个会各把另外2个人变成吸血鬼，得到6个新的吸血鬼。

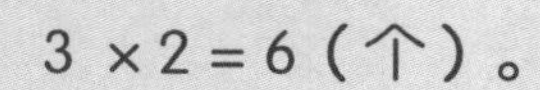

$$3 \times 2 = 6$$（个）。

这6个吸血鬼加上原来的3个吸血鬼，得吸血鬼总数为9。

$$6 + 3 = 9$$（个）。

4. 三个月后，这9个吸血鬼中的每一个会各把另外2个人变成吸血鬼，使得吸血鬼总数变成27。

$$(9 \times 2) + 9 = 27$$（个）。

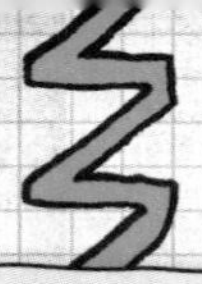

5. 你发现规律了吗？为了找出每个月的吸血鬼总数，可以用当前的吸血鬼个数乘以 2，并加上当前的吸血鬼个数。你得到的是这个月吸血鬼的新总数。写成一个等式，就会是这样：

v = 目前的吸血鬼个数，

x = 吸血鬼的总数，

$(v \times 2) + v = x$。

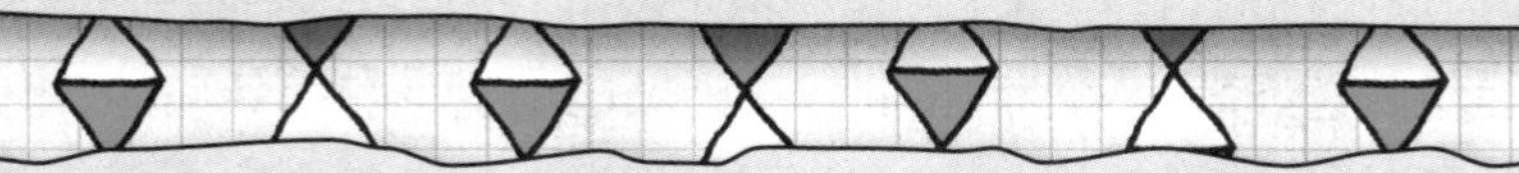

6. 为了求出吸血鬼的总数(x)，你把目前的吸血鬼个数(v)乘以 2，然后加上 v 得到 x。

按照这个规律继续下去，就可以求出把城里的 50 万人全部变成吸血鬼需要的月数。

月数	目前的吸血鬼个数	新的吸血鬼个数	吸血鬼总数
0	1	0	1
1	1	2	3
2	3	6	9
3	9	18	27
4	27	54	81
5	81	162	243
6	243	486	729
7	729	1458	2187
8	2187	4374	6561
9	6561	13 122	19 683
10	19 683	39 366	59 049
11	59 049	118 098	177 147
12	177 147	354 294	531 441

照这个样子继续下去，吸血鬼个数会上升得很快。现在你可以告诉杰米，为什么你在下一个月圆之夜前抓住这个吸血鬼非常重要了！

数学实验室

一个来自印度的故事讲述了达依尔是如何发明国际象棋的。达依尔是一个很聪明的人，他教授舍罕王如何下国际象棋。国王很高兴，就问达依尔想要什么奖赏。

“我是一个简单的人，只要用米作为奖赏就够了，”达依尔说道，“把您的棋盘放在那边，在第一个方格里放1粒米，在第二个方格里放2粒米（原数的两倍），再在下一个方格里放4粒米（上一个数的两倍），依此规律直到在所有的方格里都放上米。请记住，这是一个简单的请求。”

这就是他的全部请求。舍罕王同意了，并让一个仆人摆好棋盘，再取来一些米。由于这个奖赏很简单，所以将它作为本书的下一个实验。它会是这本书中最简单的活动吗？或者是最难的？这由你来决定。

实验器材

- 国际象棋棋盘（或西洋跳棋棋盘）
- 一小袋未经烹饪的米

实验步骤

1. 按照达依尔的指示，在第一个方格里放 1 粒米，在第二个方格里放 2 粒米，在第三个方格里放 4 粒米，在第四个方格里放 8 粒米。

2. 现在停下一分钟，来做一些计算：

你需要在第八个方格里放 128 粒米，这是第一行的最后一个方格。但是还有 7 行，而数量则一直翻倍增长！在第二行的最后一个方格里，数量就已经达到大约 32 000 粒了，而在第三行的第一个方格里，数量又要加倍。天哪！

达依尔的请求产生了一个数学家和科学家称为指数增长的序列，这个序列比每次增加相同数量的序列（也就是等差数列）增长得快得多。

到第一行末尾的时候，也许你就放弃了，但是如果你真的按此方法进行到底，你到最后一个（即第 64 个）方格结束时，总共要放置 18 446 744 073 709 551 615 粒米，真多呀！

110 FT
120 FT

第20关

存活机会：你死定了

存活手段：表达式和方程

死　　因：水肺失灵

挑战

你是一位寻宝专家。你花了数年时间研究古代的航海图和航海日志，找寻1712年红胡子海盗船的沉没之处。船上满载着银器和珠宝，还有红胡子海盗那把著名的镶嵌钻石的宝剑——你已经很接近它们了。你探寻的宝藏在海水清澈的加勒比海底120英尺（约36米）深处，是时候潜水下去寻找了。

你扔下了一根标志线，上面每隔5英尺（约1.5米）做了一个标记，所

什么是减压病

你越往水深处下沉，水压就越高。升高的水压导致一部分（你正常呼吸时吸入的）氮气溶解于体液中，就像二氧化碳溶解在一罐苏打水中一样。返回海面就像打开那罐苏打水。如果你动作太快，氮气就会在你体内膨胀，可能会造成很多伤害。就像打开一罐你摇晃过的苏打水，它会喷出大量泡沫。上浮过程中的“减压停留”可以让氮气得以安全地溢出，能够预防减压病。这就像你慢慢地打开一罐苏打水，让气体平稳地溢出。

以当你在水下的时候，你能准确地知道你离海面的距离。

你只花了5分钟就到达了海底。很快你看见了藏宝箱！但宝剑在哪里呢？在你开始寻找宝剑之前，你想准确知道在必须返回海面之前你可以在海底待多久。你的水肺能提供1小时的空气，而且你想通过在特定深度处的减压停留来帮助身体适应压力的变化，以避免上浮过程产生的减压病。幸运的是，你那可靠的腕部电脑会把这些因素都考虑进去，准确地告诉你可以在水下停留多久，但是……哦，不！腕部电脑没戴在手腕上！你把它忘在了船上，而你戴的是普通的防水手表。船现在在你上方120英尺。

好吧，不要惊慌。好好想一想。仔细回忆一下多年的潜水训练中学到的一切：

1. 在最大水深的一半处，你需要进行第一次2分钟的减压停留。

2. 减压停留开始后，你的上浮速度不可以快于10英尺/分。

3. 你必须在每上浮10英尺的间隔处等待1分钟。

4. 你必须在最后的15英尺标记处停留5分钟。在这之后，你可以继续上浮而不做任何停留。

5. 潜水员总是谨慎行事：在取近似值时，他们总是采用进一法（在这种情况下，意味着要留出更长的可用时间）。给上浮至海面多留1分钟。

假设你能以10英尺/分的速度浮至海面，在你向上返回之前你可以花多长时间仔细检查那艘沉船的残骸？

欧几里得的建议

写下所有已知条件。

· 你在距离海面120英尺的海底深处。

· 水肺里有可以供你呼吸1小时的空气，而你已经花了5分钟下沉至船的残骸处。所以剩下的空气仅能供你呼吸55分钟。

· 第一次2分钟的减压停留应在最大水深的一半处进行。

· 你必须以10英尺/分的速度上浮。

· 在每上浮10英尺的间隔处，你需要等待1分钟。

· 一旦你到达15英尺深处，你必须停留5分钟；然后你就可以一口气上浮到水面。

· 为了安全，给自己多留1分钟！

提示：你可以列一个线性方程来求解最后一步。

工作单

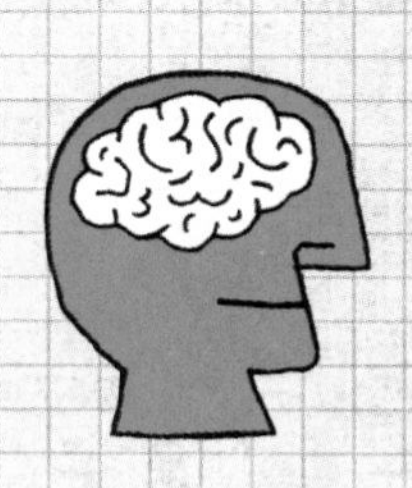
你的解答

答案

你有31分钟的时间去检查沉船残骸，之后必须开始向上返回海面。

解答步骤：

1. 首先，计算出返回至海面所需的时间。沉下去只要5分钟，是因为中间不需要进行减压停留。上浮过程则不一样。你必须算上所有减压停留的时间，还要考虑你上浮的速度。你在最大水深的一半处进行第一次减压停留。把最大水深（120英尺）除以2，就能得出你开始减压停留处的深度：

$$120 \div 2 = 60\text{（英尺）。}$$

也就是说，你必须在60英尺深处进行第一次减压停留。

2. 你以10英尺/分的速度上浮：这是推荐的最大上浮速度。幸运的是，你戴着手表，所以你可以把握上浮到海面的时间。将你要上浮的英尺数（60英尺）除以你每分钟上浮的英尺数（10英尺），就可以算出你到达第一次减压停留处（海面以下60英尺）所需要的时间。

$$60 \div 10 = 6\text{（分）。}$$

这表示，你需要6分钟上浮至60英尺标记处。

3. 在60英尺标记处进行第一次减压停留，需要2分钟。

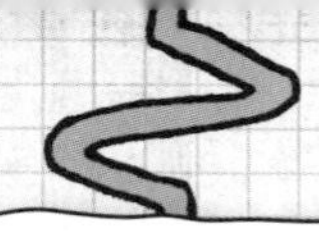

4. 你继续以10英尺/分的速度上浮，直到15英尺标记处，你必须在此处进行最后的、最长时间的减压停留。

首先，计算出60英尺和15英尺标记之间有多少个10英尺。将60减去15算出你需要上浮的英尺数：

$$60-15=45\text{（英尺）}。$$

然后，用10除这个差：

$$45\div10=4.5。$$

这表示，60英尺和15英尺标记之间有4.5个10英尺。1分钟你可以上浮10英尺，所以你需要4.5分钟才能上浮至15英尺标记处。

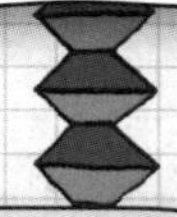

5. 现在到了最复杂的地方。记住在每上浮10英尺的间隔处，你必须停下来进行1分钟的减压停留。但是，在15英尺标记处，你必须进行5分钟的减压停留。这说明你必须在前4次减压停留时各停留1分钟，合并最后一次减压停留的5分钟，得到：

$$(4\times1)+5=9\text{（分）}$$

糊涂了吗？下面是如何计算减压停留的时间。

50英尺深处：进行1分钟的减压停留；
40英尺深处：进行1分钟的减压停留；
30英尺深处：进行1分钟的减压停留；
20英尺深处：进行1分钟的减压停留；
15英尺深处：进行5分钟的减压停留。
总共：9分钟。

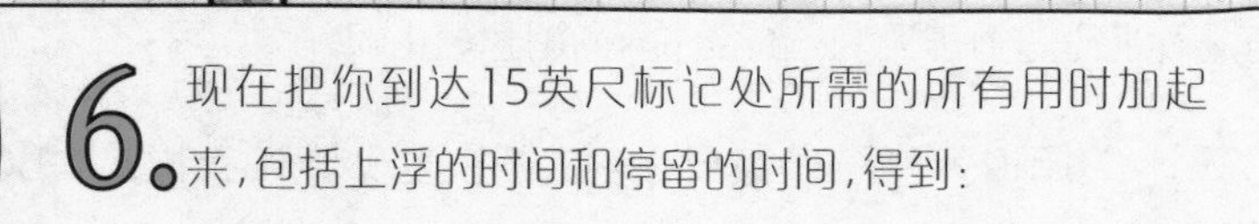

6. 现在把你到达15英尺标记处所需的所有用时加起来，包括上浮的时间和停留的时间，得到：

$$6+2+4.5+9=21.5\text{（分）。}$$

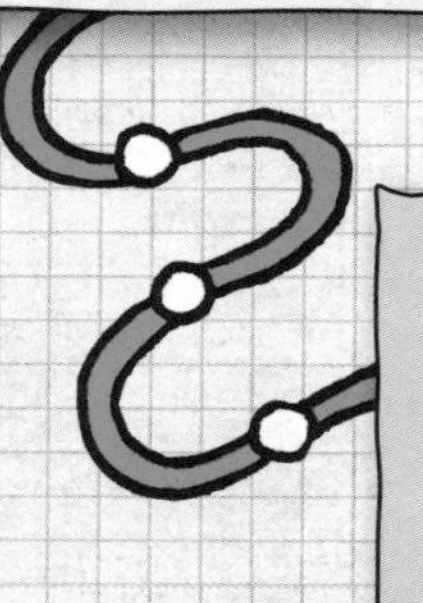

7. 所以你需要21.5分钟上浮至15英尺标记处。从那个地方，你可以一口气上浮至海面。如果你继续以10英尺/分的速度上浮，你需要1.5分钟游完最后的15英尺到达海面。

$$\frac{10\text{英尺}}{1\text{分}}=\frac{15\text{英尺}}{x\text{分}}$$

$$10x=15,$$

$$x=1.5\text{。}$$

8. 把到达海面所需的所有用时加起来：

$$21.5+1.5=23\text{（分）。}$$

现在你知道，你需要23分钟返回海面，这样你就可以算出有多少时间能用来检查红胡子沉船的残骸了。

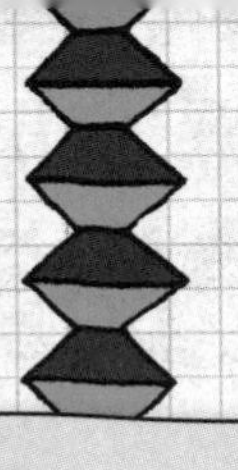

9. 建立线性方程来计算你可以用来找寻宝藏的时间。你可以将已经求得的信息代入以下方程求解：

下沉用时 + 上浮用时 +
寻宝用时 = 60（水肺可供呼吸时间）。

首先，设一个变量来代表未知数。设 t 为寻宝用时：

下沉用时 + 上浮用时 + t = 60。

接着，代入已知值并求解 t：

$$5+23+t=60,$$
$$28+t=60,$$
$$t=32\text{（分）。}$$

这表示在你上浮之前，你有32分钟可用来检查沉船残骸。

等等，这还不完全正确！实际上你只有31分钟的时间可用来搜寻。为什么？再回顾一下这个挑战吧。

潜水员是很谨慎的，记得吗？

数学实验室

通过以下这个快速、简单的活动，你可以初步理解水压是如何随着水深的增加而增大的。即便在15厘米左右深的空间里（吸管沉在水下的部分），水压也在增大。想象一下120英尺深的水下水压会有多大，或是8千米深的水中！

实验器材

- 一个1升容量的水瓶
- 水
- 长吸管（长到足以接触到瓶底）

实验步骤

1. 向水瓶中注水，差不多到瓶口。

2. 把吸管的下端放至水面下较浅的地方吹气。在这个位置吹泡泡难不难？
3. 把吸管往下插，直到触及瓶底。

4. 再一次吹气。在这个位置吹泡泡难不难?

5. 你是否注意到,当吸管触及瓶底时吹气会更难?

6. 关于水压差异,你能得出什么结论呢?在水瓶的不同“深度”处吹泡泡告诉我们关于水压的什么普遍规律呢?

解答: 你应该发现瓶底的水压比瓶口处的水压大得多。

SEA SERPENT

ICEBERGS

SHARK-INFESTED WATERS
STORMY SEAS
N

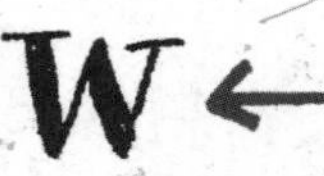
MAN OVERBOARD
W

CERTAIN DEATH
E

S
IMPENDING DOOM
WATERY GRAVE

JAGGED ROCKS
CANNIBAL ISLAND

SHIPWRECK

DAVY JONE'S LOCKER

GIANT SQUID

PIRATES

第21关

存活机会：你死定了

存活手段：表达式和方程，单位距离和单位速度

死　　因：暴动

挑战

你是一艘驶向新世界的西班牙大型帆船的船长。目前你们已经接受了地球是圆的这一普适理论。如果你始终朝一个方向航行，最终你将会回到你出发的地方。你们已经在海上航行了9个星期，在最近的几天里，你们正横跨大西洋，走得比较慢但仍稳步前行。

不久前，你已经注意到船员中的骚动。就在你们海上航行的第63天，他们悄无声息地聚到甲板上，来到你面前。第一个船员看起来极有

进攻性，牙齿咬着一把又长又锋利的刀。只有一个词能形容正在发生的事情——暴动。

第一个船员与你仅两步之隔。他取下嘴里咬着的刀，在他的衬衫上仔细地擦了擦，说道："嗨，船长，我们已经在海上航行了9个星期，可到现在仍没看到陆地的影子。我们已经听够了你的话——什么地球是圆的，什么如果一直向西航行，我们将会抵达陆地，还有什么新世界里到处都是黄金和珠宝。可到现在为止我们没有找到任何可以证明你是正确的证据……而且我们的淡水和食物很快就要耗尽了。"

他环顾周围的船员以寻求认同。"你说我们已经朝古巴航行了2773英里，而整个航程总共3520英里，而且亏得这个被你称为星盘的玩意儿，我们一直没有偏离航线。我们的旅程还有747英里。我觉得船员们没法再多坚持一个星期了。所以，我们有一个小小的要求，是吧，弟兄们？"

"航行过程中，我们测定了每小时航行的海里数，或节数。风速极有可能还会稳定一周，所以我们可以用那些数计算出周末我们能否到达古巴港口……或者你是否会'意外'掉落海中，然后我们驾驶这艘船回家。"

星　盘

2200年前，希腊人最先发明了星盘，它成为最早为人所知的海上导航仪器之一。星盘是一种复杂的手持仪器，它能帮助观测者定位，并预测月亮、行星和恒星的运动。船用星盘大约发明于500年前，它是一种比较简易的仪器，可以测量太阳（或北极星）距离地平面的高度。有了这个数据，船员们就能够计算出他们所处的纬度，并知道他们是驶向加拿大还是墨西哥。

节

与陆地上的测量不同，船员们使用不一样的测量单位来表示海上的距离和速度。海里表示距离，节表示速度。1节就是指每小时1海里。为什么称为节呢？这源自船员们测量速度的方式。船员们会把一块楔形的木头绑在一根每隔47英尺3英寸打了个结的绳子上——这段长度是一艘船以1节的速度航行时，每30秒航行的距离。然后，他们会把木头抛向船外，并且数出在船航行的30秒内（他们用沙漏来计时）绳上被拖出的打结数。结的个数就被看作是以节（或海里/时）为单位的船的速度。

这艘船的速度至少要达到多少“节”，才能保证你们7天之内到达古巴？把答案四舍五入到最接近的整数。

欧几里得的建议

写下所有已知条件。

· 你们已经朝古巴航行了2773英里，整个航程总共3520英里，所以还剩下747英里。

· 1节等于1海里/时（都是速度单位）。

· 你们还有7天时间完成前往古巴的剩余航程。

提示：1英里≈0.9海里。

工作单

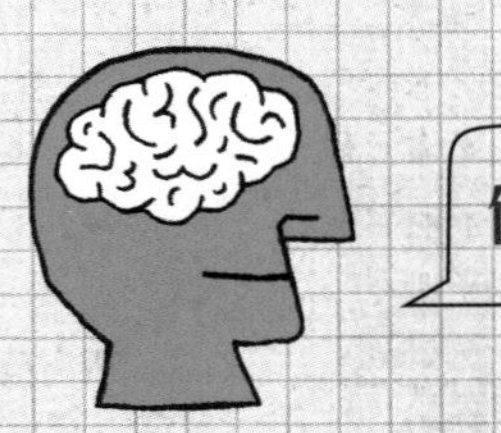
你的解答

答案

你必须以至少4节，或者说4海里/时的速度航行，才能在7天之内到达古巴。

解答步骤：

1. 由于你的答案要以海里/时为单位，所以你要把已知的计量单位（英里和天）转换成你需要的计量单位（海里和小时）。

先把（以英里为单位的）还要航行的距离转换成海里，假设1英里 = 0.9海里。

前往古巴还需要航行747英里。

建立比例式，交叉相乘求解。

$$\frac{1\text{英里}}{0.9\text{海里}} = \frac{747\text{英里}}{x\text{海里}},$$

$$x = 672.3,$$

即747英里 = 672.3海里。

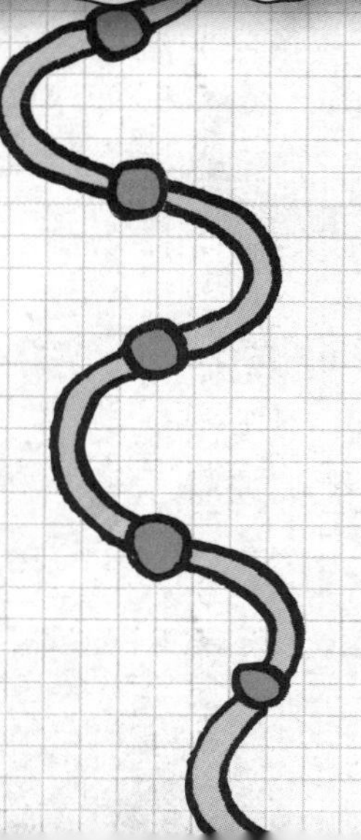

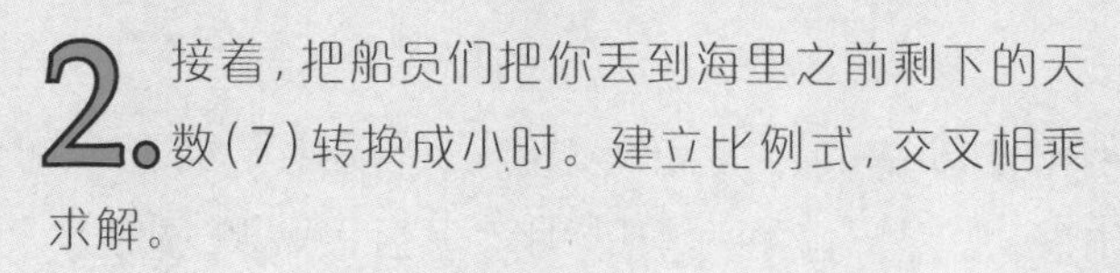

2. 接着，把船员们把你丢到海里之前剩下的天数（7）转换成小时。建立比例式，交叉相乘求解。

$$\frac{24\text{时}}{1\text{天}}=\frac{x\text{时}}{7\text{天}},$$

$$x=168,$$

也就是说7天有168小时。

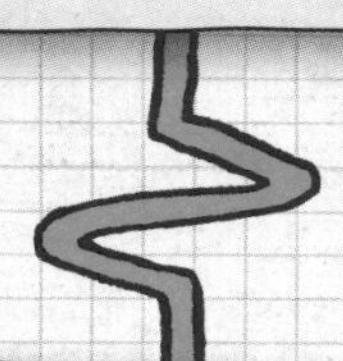

3. 既然你已经把所有的计量单位都转换成了合适的单位，你就可以建立另一个比例式来求得以海里/时（或节）为单位时，在168小时内航行672.3海里的最小速度。

$$\frac{672.3}{168}=\frac{x}{1},$$

$$168x=672.3,$$

$$x\approx 4.002。$$

化为最接近的整数，$x=4$海里/时，或4节。

也就是说，你必须以至少4节的速度航行，才能保证在7天之内到达古巴。

数学实验室

你可以用一些简单的物件制作你自己的船用星盘。你可以用它来观测月亮的角度，但是记住绝不可以用它来直接观测太阳。

实验器材

- 细绳
- 胶带
- 尺
- 吸管
- 剪刀
- 铅笔
- 重物
- 塑料量角器（在平边的中部有一个小洞）
- 10厘米见方的卡纸或硬纸板
- 手拿纸和笔的朋友

实验步骤

1. 剪一段25厘米长的细绳，在绳的一端打一个结。

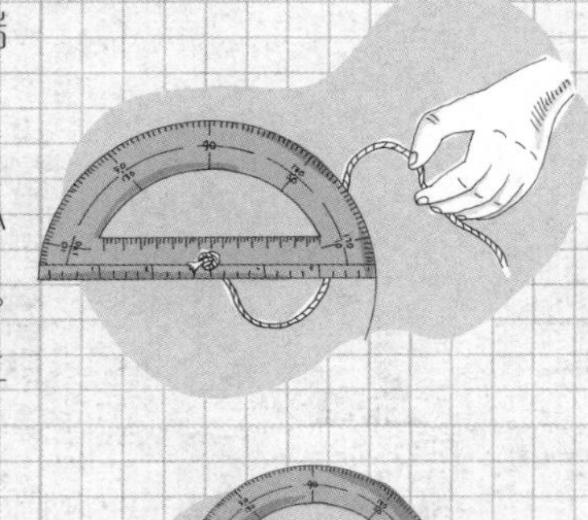

2. 将细绳的另一端穿过量角器上的小洞，直到打结的一端卡在量角器上。（如果绳结太小没能卡住，就在原来的结上再打一个结使它变大一点。）

3. 把重物绑或粘在细绳的另外一端。

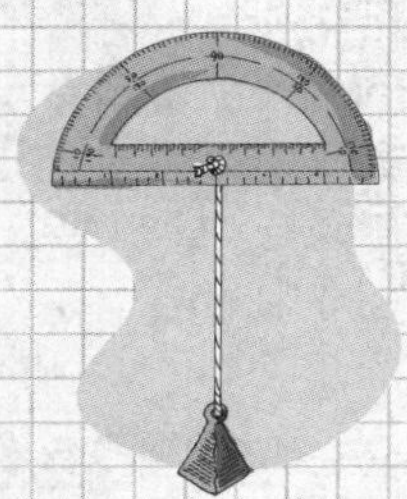

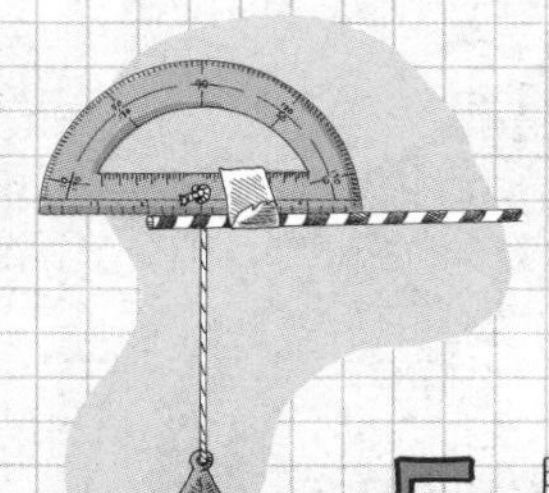

4. 把吸管粘贴在量角器的平边上，使吸管一端露出几厘米。

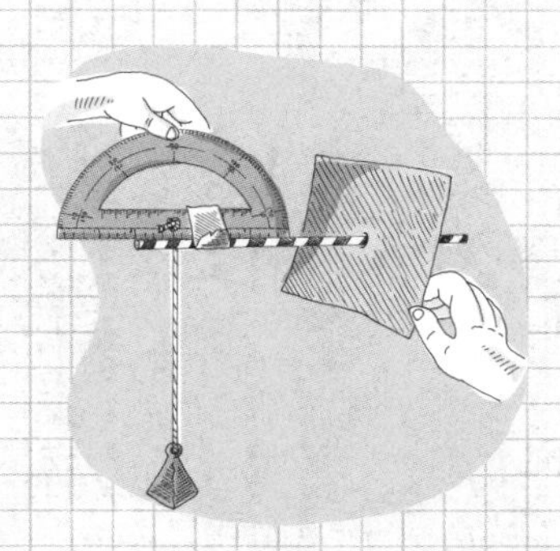

5. 用铅笔在卡纸的中心处戳一个洞，能让吸管顺利穿过就可以了。

6. 沿着吸管移动卡纸，使它接触到量角器的边缘。

使用你的船用星盘

- 握住星盘，让量角器的圆弧边朝向地面，重物自然下垂。

- 沿吸管伸出的那端看过去，让它瞄准一个物体（如月亮、建筑物的顶端，或者远处的树木）。
- 在你的朋友记录细绳经过量角器的刻度时，稳稳地握住星盘。让你的朋友读出那个0到90之间的度数。
- 现在用90减去量角器上读出的那个数，所得结果即是目标物体的地平纬度（地平线上的度数）。

注意！绝对不能直接看太阳。

第22关

存活机会：你死定了

存活手段：表达式和方程

死　　因：刽子手

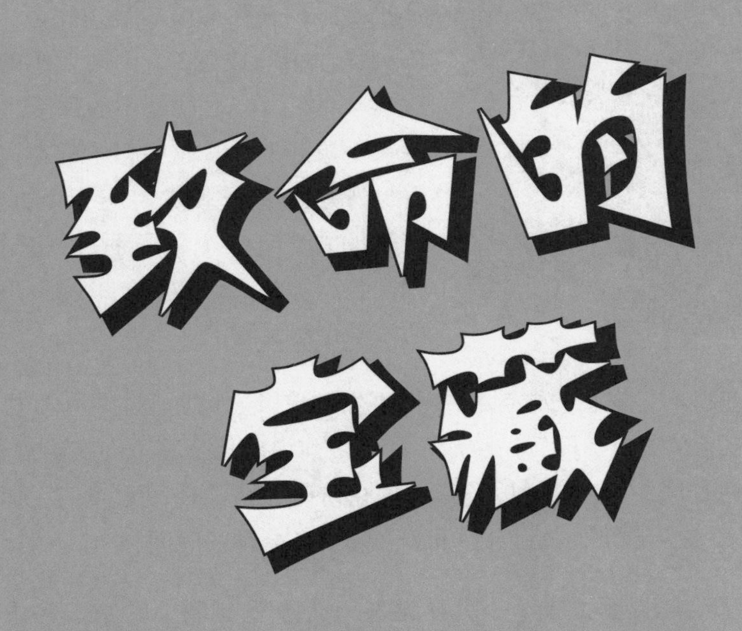

挑战

你是保罗·波罗。为努力达到哥哥马可·波罗获得的成就，你已经付出了毕生的努力。横跨欧洲和亚洲的长途旅行，追寻奇遇、财富和名声。在马可·波罗完成他举世闻名的旅行一年之后，也就是1296年，你启程了，至今你已在外旅行了超过10年。

现在，你到达了中亚城市撒马尔罕的统治者可汗的宫殿。一切都很顺利，你被当作贵宾，享受着奢华的晚宴、美妙的音乐。可当桌子被清干

马可·波罗

马可·波罗是一名意大利商人，他在中世纪时横跨欧洲和亚洲，旅行了15 000英里。他的旅行持续了24年。1295年回到威尼斯后，他口述了大量有关中国的故事，随即出版了《马可·波罗游记》，书中记录了他在巴格达、北京、君士坦丁堡，以及其他繁荣的古国首都的神奇旅行经历。

净时，大厅中忽然有种期望和焦虑的气息。

接着，你被带到大厅的中间，站在那里。呈现在你面前的是一些奇怪的陈列品。中间放着3个不同大小的镶嵌珠宝的箱子，不过最小的那个也比一头小象还要大。这些箱子的左边挂着3把钥匙，每把钥匙对应一个箱子。箱子的右边有一个刽子手，手里举着锃光瓦亮的斧头，还有一个沙漏，里面的沙子正缓缓漏下。

一切变得不一样了，或者说，变得更加可怕了。晚宴的主人可汗告诉你：如果你能在沙漏中最后一粒沙子漏下之前说出每个箱子的准确重量，你就可以拥有这3把钥匙，以及箱子里的所有东西。如果你失败了，他补充道，刽子手就会砍下你的脑袋。可汗给了你1分钟的时间。

在可汗给你提示之前，一切看起来那么绝望。最小的箱子和中等大小的箱子加起来重50 000泰凯尔，最大的箱子和最小的箱子加起来重60 000泰凯尔，而最大的箱子和中等大小的箱子加起来重70 000泰凯尔。

现在，可汗命令刽子手等沙漏上部所有的沙子都流空(只用了几秒钟)，然后翻转沙漏，开始1分钟的计时。所以你最好迅速地进行计算！

你能计算出每个箱子的准确重量吗?

欧几里得的建议

别被“泰凯尔”这个滑稽的字眼给困住了。这就是一个计量单位，就像磅或盎司一样，可汗用它来表示重量。如果你想让它变得简单一些，可以把这些量想象成磅、千克，甚至可以用弹珠数来代替。

·首先，把问题简化。困难可能源自对大数的处理，它们全是以万计的。如果你找到它们的最大公约数(这里是10 000)，并用它分别去除这些数，得到的结果就容易处理多了。当然，最后要把每个答案都乘以这个最大公约数!

·现在一切变得不一样了:

最小的箱子和中等大小的箱子总重为5。

最小的箱子和最大的箱子总重为6。

中等大小的箱子和最大的箱子总重为7。

提示:设未知数表示每个箱子的重量将有助于计算。

工作单

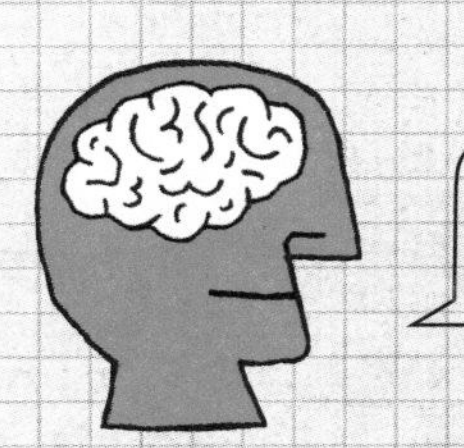
你的解答

答案

最小的箱子重20 000泰凯尔，中等大小的箱子重30 000泰凯尔，最大的箱子重40 000泰凯尔。

解答步骤：

1. 首先，设未知数表示每个箱子的重量。

a = 最小的箱子的重量，
b = 中等大小箱子的重量，
c = 最大的箱子的重量。

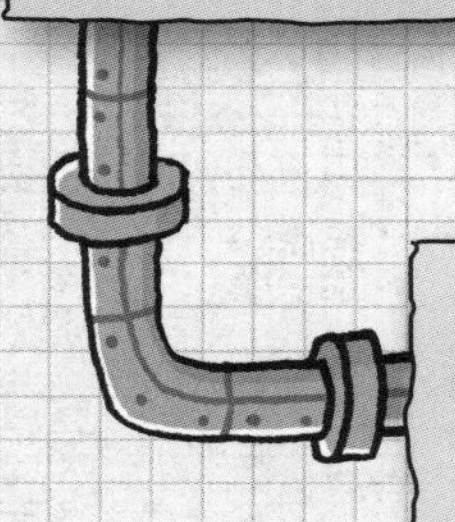

2. 接下来，列方程表示已知的关于箱子重量的关系。

$a+b = 50\,000$，
$a+c = 60\,000$，
$b+c = 70\,000$。

3. 由于这些数都能被(最大公约数)10 000整除，所以把每个数的四个零去掉，让计算变得更简单一点。记得在最终的结果上要补回四个零。

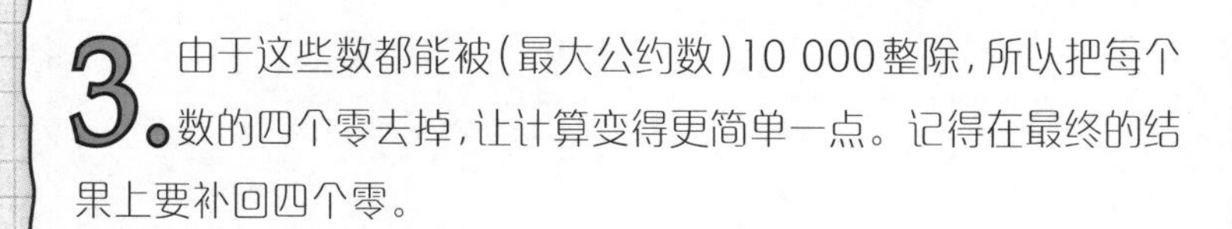

$a'+b' = 5$，
$a'+c' = 6$，
$b'+c' = 7$。

4. 现在，你需要进行逻辑思考，从这些方程中推出一些有用的信息。我们来看前两个方程：

每个方程都含两个变量。

每个方程都含变量 a'，这说明和的不同是因为b'和c'不相同。

实际上，第二个方程可以看成是用c'代替了第一个方程中的b'，结果多了1。

这说明c'比b'大1，所以现在你可以用$b'+1$代替c'的值，即$c' = b'+1$。

5. 现在你可以把第三个方程改写为：

$$b'+b'+1 = 7。$$

6. 简化方程并求出b'。

$$2b'+1 = 7,$$
$$2b' = 6,$$
$$b' = 3。$$

7. 既然知道了b'的值，你就可以求解 a'和c'了。

$$c' = b'+1,$$
$$c' = 3+1,$$
$$c' = 4。$$
$$a'+b' = 5,$$
$$a'+3 = 5,$$
$$a' = 2。$$

8. 但是，等一下！你还没有全部做完。不要忘记把每个数乘以最大公约数10 000。

$$a = 20\,000（泰凯尔），$$
$$b = 30\,000（泰凯尔），$$
$$c = 40\,000（泰凯尔）。$$

情况不是很糟糕！最终你战胜了时间，并带着宝藏逃脱了吗？

数学实验室

解决这个挑战的一个秘诀是，把较大的数变得更容易处理，方法就是除以再乘以它们的最大公约数。你可以在任何情况下使用这种方法。实际上，你甚至可以在离家最近的公园里再造一个太阳系。

通过这个活动，你可以获得各个行星距离太阳有多远的真实感知。你也许会惊奇地发现太阳距离我们的某些邻居有多远。如果你能弄到不同大小的球及一些水果作为行星模型（它们的体积可以帮助你了解行星的相对大小），就更加有趣了。不过，即使你不能凑齐所有的模型，你仍然可以利用你能找到的任何可以作为标记的东西来体验这个实验的乐趣。

你要确保有足够大的场所，因为其中一个距离有45米多。

实验器材

- 棍子或竹竿（用作标记）
- 尺
- 铅笔
- 纸
- 高尔夫球
- 网球
- 棒球
- 橘子
- 水上充气球
- 篮球
- 葡萄柚
- 垒球

实验步骤

1. 在公园里找一块长长的开阔平地（约50米长）。

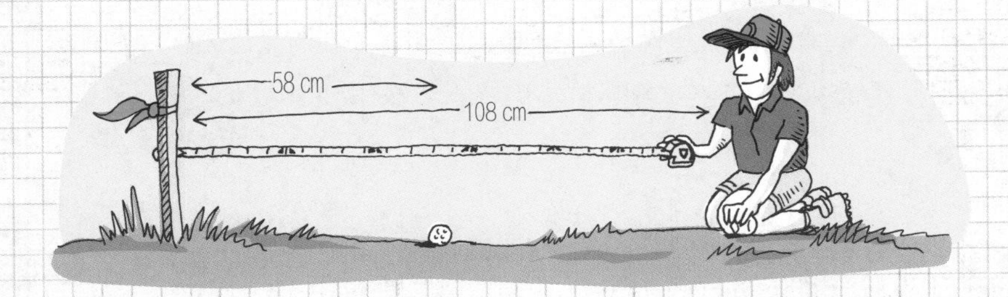

2. 把棍子或其他标记插在地上，这将是你的太阳系模型中的太阳。

3. 从太阳处开始测量，直到58厘米处，在这里放置一个高尔夫球作为水星。在纸上写下这个距离（58厘米）。后面以此类推，每放置一个行星就记录一下。

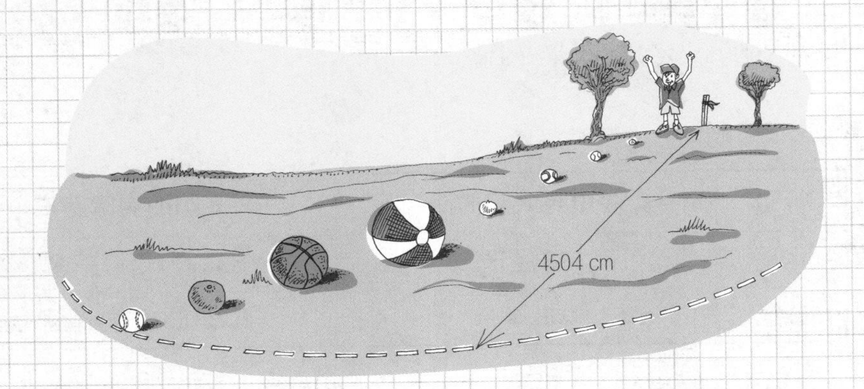

4. 回到太阳的位置。再一次测量，在距离太阳108厘米处放置一个网球作为金星。

5. 在距离太阳150厘米处放置一个棒球作为地球。

6. 在距离太阳228厘米处放置一个橘子作为火星。

7. 在距离太阳778厘米处放置一个水上充气球作为木星。

8. 在距离太阳1429厘米处放置一个篮球作为土星。

9. 在距离太阳2871厘米处放置一个葡萄柚作为天王星。

10. 在距离太阳4504厘米处放置一个垒球作为海王星。

11. 你已经把所有八大行星根据其距离太阳的相对位置摆好了。看看你的行星列表，把所有的距离乘以1 000 000(即把小数点向右移动6位)，并把单位由厘米换成千米，新得到的数字就代表了每个行星到太阳的千米数(而非厘米数)。

你的记录样例：

行星	实验中与太阳的距离	与太阳的实际距离
水星	58厘米	58 000 000千米
金星	108厘米	108 000 000千米

这很神奇，是吗？

脑力锻炼

2可以等于1吗？

这里是一个爱因斯坦级别的挑战。从如下等式开始：

$$a = b。$$

以此为起点，经过一系列的等式变换，会让你得出一个不可能的结论：$2 = 1$。

$$a = b,$$
$$a^2 = ab,$$
$$a^2-b^2 = ab-b^2,$$
$$(a+b)(a-b) = b(a-b),$$
$$a+b = b,$$
$$2b = b,$$
$$2 = 1。$$

现在，你能找出得到$2 = 1$的过程中的逻辑漏洞吗？或者说，解释一下这个逻辑推理过程中哪一步是不可靠的。（提示：关于$a-b$，你想说什么？）

解答：

记得提示吗？如果$a = b$，那么$a-b$等于0。前4个等式可以简单地推导出来。下一个等式是在等号的两边同时除以$(a-b)$得到的，但除以0是不允许的——所以由此得出的$2 = 1$的情况也不可能产生。

1
2
3

第23关

存活机会：你死定了

存活手段：概率

死　　因：砍头

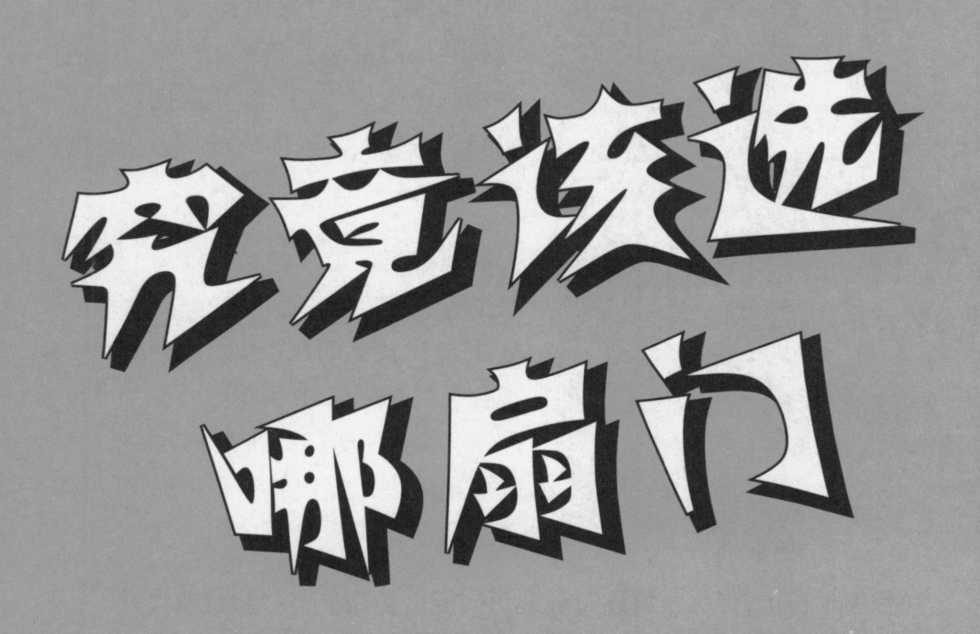

挑战

想让公爵的守卫们相信你是无辜的，那是枉费力气；让他们相信是另一个穿着深红色披风的人砍下了城墙外公爵雕像的脑袋，那也是枉费力气。公爵听闻这件事后暴跳如雷，而且守卫们知道，如果他们不能把罪犯抓捕归案，他们自己的小命就会有危险。

现在你被带进了宴会厅。当你被径直带到挂毯下面的桌子跟前时，所有人都停止了进食和交谈。

蒙提霍尔问题

蒙提霍尔是广受欢迎的电视游戏节目《一锤定音》的联合制作人，并且主持此节目将近20年了。该节目最吸引人之处在于观看参赛者选择舞台上三扇门后面的东西。门后面是欧洲游之类的诱人大奖，还是没用的“空心汤圆”奖?

参赛者通常都有改变选择的机会——就像这个挑战一样。公众对“改变还是坚持选择”的问题非常着迷，这让它成为人人皆知的“蒙提霍尔问题”，甚至连大学数学教授也知道它。

公爵坐在那里，恶狠狠地盯着你。“我，唐·卡罗，目光所及之处都是我的统辖范围，”他说道，“我处事公正，我的人民都尊重我、服从我，因为我给他们带来了和平和富裕。我们就像一个大家庭，所以冒犯我就是冒犯我们所有人。这样的行为必须受到惩罚。”

他继续说道：“我本可以马上让人杀了你，但我想娱乐一下，同时也给你一个自我救赎的机会。往我身后看，你会见到3扇门，分别编为1号、2号和3号。其中一扇门会带给你自由。另外两扇门会把你带到刽子手那里。你必须要选择其一。”

你害怕极了，但你最终还是鼓起勇气说出了几个字：“2号门。”

公爵的脸上露出戏谑又有点残忍的表情，说道：“打开1号门。”

门开了，你看到一条通往黑暗处的楼梯。显然，这是通向刽子手的门中的一扇！公爵轻声阴笑，说道：“如果你选择了那扇门，你就没命了。你可以再做一次选择。如果你想改选3号门的话，我会同意。你要改变选择还是坚持选2号门？”

决定权在你手里。如果你改变选择，你选到通向自由之门的可能性有多大?

概率

概率就是事件发生或不发生的可能性大小。让我们用掷硬币作为例子。一个硬币有两面：正面和反面。当你掷硬币时，只有其中的一面会着地。所以,反面着地的可能性为$\frac{1}{2}$,或50%。记住,概率描述的是一个硬币多次抛掷后可能发生的情况。如果你只掷2次,不能保证你总能得到一次正面着地、一次反面着地的结果。但是如果你掷500次,你应该能期望得到大约250次正面和大约250次反面。

欧几里得的建议

这个挑战需要用到概率。你要审查每一阶段的可能性(概率)。

写下所有已知条件。

· 首先,你有$\frac{1}{3}$的可能性选到通向自由之门。

· 当公爵打开1号门并给你改变选择的机会时,他把门的数量减少到了2。

还是很迷惑吗?先尝试一下后面的数学实验吧,它会帮助你理解这个挑战中包含的概率问题。

提示:画一个表格或树形图来规划你的选择。

工作单

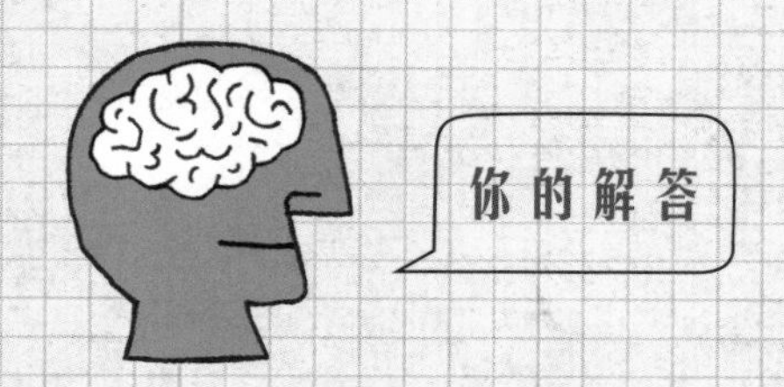

答案

如果你改变选择，选到通向自由之门的可能性是$\frac{2}{3}$。这说明，你改变选择的话，会使你的存活机会增加到两倍。

解答步骤：

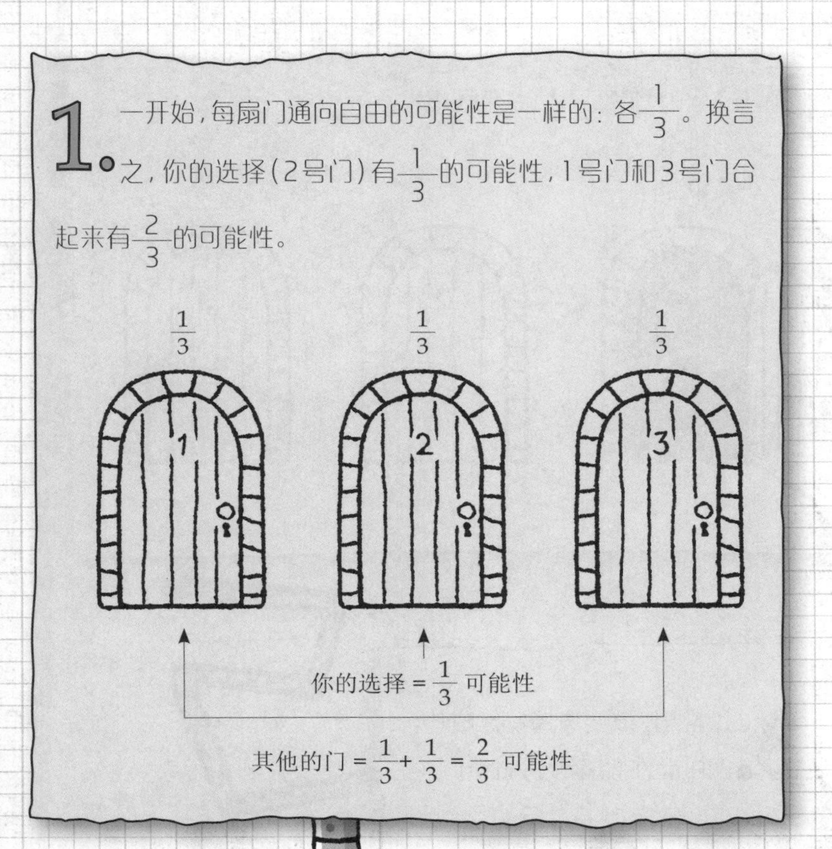

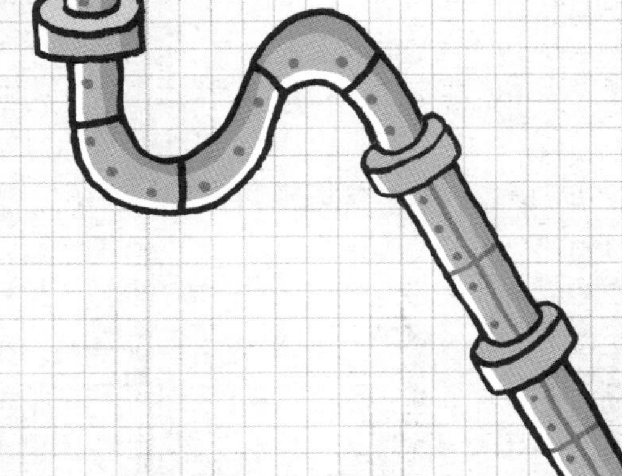

2. 接着，公爵打开了占$\frac{2}{3}$可能性的两扇门中的一扇（1号门），而这扇门并非通向自由之门。但是请记住，这两扇门一共占了$\frac{2}{3}$的可能性，这说明剩下的那扇门（3号门）仍然有$\frac{2}{3}$胜出的机会。原来的那扇门（2号门）仍然只占$\frac{1}{3}$的可能性。

3. 这说明，改变选择使你成功的可能性增加到了两倍！

你想证明真的是这样吗？做一下下面的数学实验，你就可以告诉所有人——改变选择真的使你存活的可能性增加到了两倍！

数学实验室

对那个老电视节目《一锤定音》的观众来说，一部分乐趣在于努力计算赢得大奖或失败的可能性。主持人蒙提霍尔经常为参赛者打开三扇门中的一扇，并且给选手改变选择的机会。选手会得到他们选择的门后面的不管什么奖品。

你可以用蒙提霍尔的方法编类似的趣味数学问题，也给出一份真正的奖品，以及一些恶作剧式的奖励。叫上几个朋友一起玩，并记下他们改变选择后输赢的频率。结果可能会让你大吃一惊，也会让那些不相信上述挑战结果的人（甚至包括一些数学教授）大吃一惊。

实验器材

- 几个一起玩游戏的朋友
- 3个塑料杯
- 摆放杯子的桌子或柜台
- 10到20颗糖果（或者其他小奖励）
- 两个可以放在杯子下面的小塑料人（越丑越好，这就是游戏的“空心汤圆”奖）
- 铅笔
- 纸

实验步骤

你要扮演电视节目主持人蒙提霍尔的角色。

1. 把杯子倒扣在桌子上，不要让任何朋友看见。

2. 在其中一个杯子下面放一颗糖果或其他小奖品，在另外两个杯子下面放小塑料人。

注意：一定要记住每个杯子下面是什么！

3. 请一个朋友选择其中一个杯子。

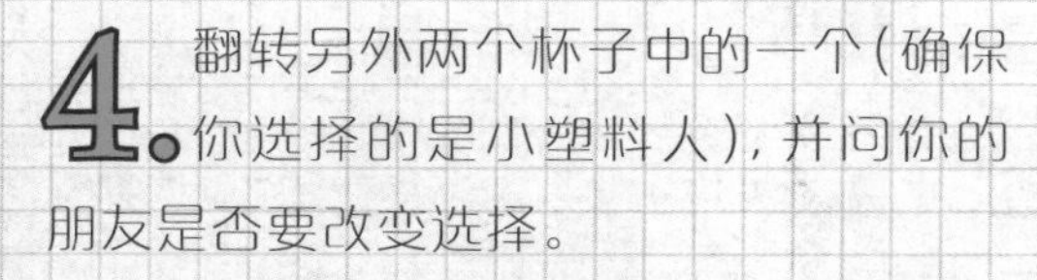

4. 翻转另外两个杯子中的一个（确保你选择的是小塑料人），并问你的朋友是否要改变选择。

5. 翻转他们最终选择的杯子（不管是否改变了选择），记录他们赢了还是输了，以及他们是否改变了选择。

6. 请另一个朋友重复步骤3到步骤5。

7. 重复玩10次或12次。

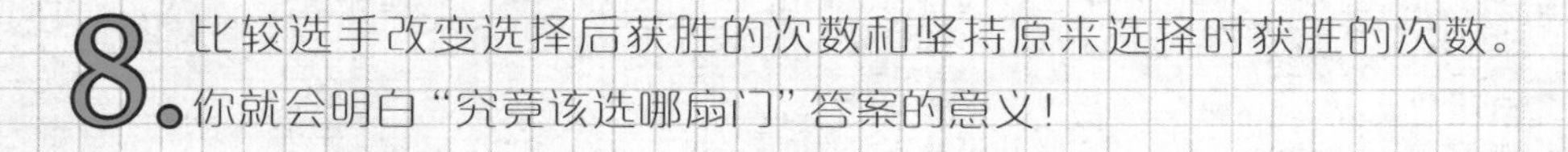

8. 比较选手改变选择后获胜的次数和坚持原来选择时获胜的次数。你就会明白“究竟该选哪扇门”答案的意义！

两分钟

以下的统计数据来源很广。它们都代表了两分钟内可能发生的事情。但是我们把右边那列的数字打乱了，你需要把它们重新排列一下，以与左边那列中的事件正确匹配。你准备好了吗？你有……两分钟！

1. 全人类的尿量（升）	a. 27
2. 产生的垃圾（吨）	b. 15 122
3. 全球死亡人数	c. 308
4. 雷击次数	d. 13 543 969
5. 进入大气层的流星数	e. 158 728
6. 全球因吸烟死亡人数	f. 19
7. Facebook 上的帖子数	g. 11 911
8. 全球新出生人数	h. 4 857 585 800 000
9. 被砍伐的树木棵数	i. 209
10. 血泵的泵血量（升）	j. 17

解答：

1=d，2=j，3=i，4=g，5=a，6=f，7=e，8=c，9=b，10=h.

脑力锻炼

第24关

存活机会：你死定了

存活手段：比和比例

死　　因：敌方间谍

挑战

现在已经无法回头了。你和另外两个中情局的特工刚刚跳伞，降落在喜马拉雅山脉的雪地上。山下一片漆黑，只有几千英尺深的谷底有零零星星的光。在你上方是敌方间谍秘密藏身处的模糊影子。那里没有灯光。

当你得知迭戈——你最尊敬的特工之一——被坏人绑架时，你的团队刚刚找到敌方山顶指挥部所在地。你们的任务就是悄悄地在山

索　降

登山者们经常使用绳索帮助下降，其使用的技术叫索降。在向上攀登时，他们把绳索的一端固定在岩石露出地面的部分，或是其他安全的目标上。然后，他们继续往上爬一段，再做同样的事情，这样绳索就连接着被固定的两端。当要进行索降时，登山者就拴一条保护带，保护带不仅要绕在身上，还要挂在拉紧的绳索上，使它可以沿着拉紧的绳索滑动。登山者将拉紧的绳索放在一侧大腿的下方，绕过身体，然后穿过另一侧肩膀。接着，他们就跳出去，让绳索沿着身体滑动，短暂降落后，抓紧绳索，荡回到山上。

顶监狱的下方着陆，运用登山技能到达该处，找到关押迭戈的房间，迅速解救他，并把他带到下面的雪地上。然后，用你的对讲机发出信号，直升机将会从山后扑过来，着陆，并把你们带到安全的地方。

研究人员告诉你，指挥部的墙和门都是$75\frac{3}{8}$厘米厚。你带了一个特制的微型炸药，你可以把它塞进关押迭戈的单人牢房门下方的窄缝里，而且它必须放在窄缝下方$\frac{2}{3}$深的位置，也就是恰好$50\frac{1}{4}$厘米处。推得太深不仅会伤及迭戈，房门也可能炸不开。推得不够深则动不了房门，而且还会惊动看守，这样你就只能丢下迭戈自己逃离。

你成功潜入敌方间谍的秘密藏身处后，小心翼翼地跪下来，拿出炸药棒（不比一条口香糖大），准备用对讲机的伸缩天线把炸药推到门下。现在你需要的就是一把公制量尺，可以让你知道恰好把炸药推到了$50\frac{1}{4}$厘米处。可量尺在哪儿？当其他人为你放哨的时候，你在背包里狂乱寻找。可就是没有啊！

手头有没有可以用的东西呢？等等！安全带的后面有一个刻度。你用手电筒照着看了一下，显示的是“67厘米”。这并不是你想要的。没有用！但，它真的没有用吗？安全带好像是很容易折叠的。你必须要准确、快速地行动。

$50\frac{1}{4}$厘米是67厘米的几分之几？你能想出一个通过一系列折叠，在安全带上准确地找出$50\frac{1}{4}$厘米位置的方法吗？

欧几里得的建议

如果你能够在安全带上找到准确表示$50\frac{1}{4}$厘米的位置做标记，你就可以把天线伸那么远，并把炸药准确地放在门的下方。

如果把已有的数转化成分数，问题解决起来就容易多了。

写下所有已知条件。

- **安全带的长度是67厘米。**
- **你需要将炸药推进去的距离是$50\frac{1}{4}$厘米。**

工作单

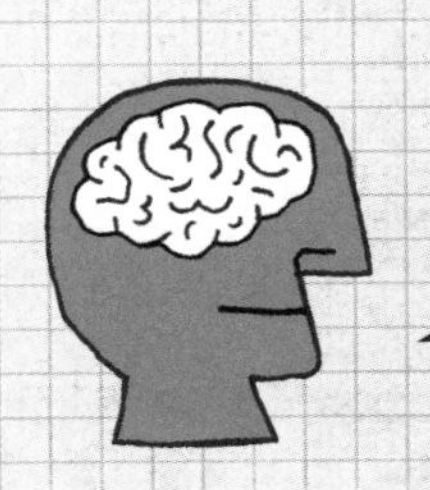
你的解答

答案

$50\frac{1}{4}$厘米是67厘米的$\frac{3}{4}$。你可以将安全带折叠，让其长度恰为$50\frac{1}{4}$厘米。

解答步骤：

1. 解决问题的关键在于使用分数，而非小数，这样你就可以把它们表示成同分母的数。这能让你轻松地算出你要把安全带折叠多少来得到需要的$50\frac{1}{4}$厘米。最简单的着手方法就是画一张安全带的示意图。

现在你要找出$50\frac{1}{4}$厘米的标记在哪里。

2. 把67厘米除以2，可以准确地找到安全带的中点。在示意图上标注$33\frac{1}{2}$厘米。

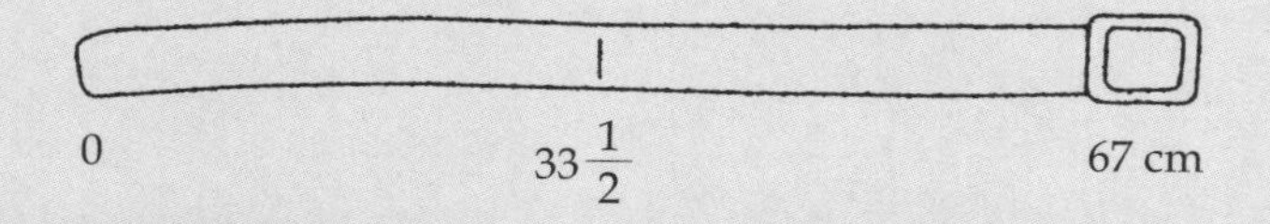

3. 现在你要找出图上$50\frac{1}{4}$厘米的位置。从图中可以看出，$50\frac{1}{4}$厘米大概在安全带中点和67厘米标记中间的位置（或者说大约是整个长度的$\frac{3}{4}$）。所以，我们来求出这个中间的位置所对应的数，并在图中（中点前、后）再添两个刻度。将一半的长度（$33\frac{1}{2}$厘米）再除以2，得到：

$$33\frac{1}{2}\div 2=\frac{67}{2}\div\frac{2}{1}=\frac{67}{2}\times\frac{1}{2}=\frac{67}{4}=16\frac{3}{4}\text{（厘米）。}$$

4. 也就是说，你可以在图上再添两个刻度：中点之前$16\frac{3}{4}$厘米处和中点之后$16\frac{3}{4}$厘米处。把$16\frac{3}{4}$加上$33\frac{1}{2}$，得到第二个刻度对应的值。

$33\frac{1}{2}+16\frac{3}{4}=33\frac{2}{4}+16\frac{3}{4}=49\frac{5}{4}=50\frac{1}{4}$（厘米）。

0　$16\frac{3}{4}$　$33\frac{1}{2}$　$50\frac{1}{4}$　67 cm

5. 嘿！你找到了$50\frac{1}{4}$厘米的位置！它正好是安全带全长的$\frac{3}{4}$。你也可以建立方程求出答案。如果b为$50\frac{1}{4}$厘米占67厘米的比例，那么：

$$67\times b=50\frac{1}{4},$$

$$b=\frac{3}{4}。$$

6. 现在，你知道如何把安全带四等分折叠，以便你把炸药推到门下的准确位置了吧？拿一段小纸条当安全带，先试一下吧！

首先，把安全带拉直到完整的长度（1）。

接着，握住安全带右边，将其对折。你得到叠在一起的两段等长的安全带（$\frac{1}{2}+\frac{1}{2}=1$）。

现在，拿起上面一段安全带的左边并将它对折。你正好将先前得到的一半长的安全带再一分为二，得到等长的两个$\frac{1}{4}$段安全带（$\frac{1}{2}+\frac{1}{4}+\frac{1}{4}=1$）。

将从左边折上来的最后一段安全带翻转到右端。现在你就得到$\frac{1}{2}$段加$\frac{1}{4}$段安全带，结果是$\frac{3}{4}$段安全带，这就是安全带上等于$50\frac{1}{4}$厘米的长度！

数学实验室

因为上述挑战中的计量单位制是百进制的（就像1美元等于100美分），所以你能够毫不费力地进行其中的计算。这说明你具备了在另一种美制长度单位体系下解决问题的能力，那个体系充满了十二进制、三十六进制等等。

在此实验中，我们将前面挑战中的问题转换成美制计量单位，你会发现上述解决方法是多么有用。按照前面的解答步骤解决这个不太熟悉的问题，并且试着通过剪断或折叠不同长度的细绳为自己或朋友克服不同的挑战。

实验器材

- 细绳
- 剪刀
- 测量卷尺

实验步骤

1. 量出并剪下一段2英尺（约61厘米）的细绳。

2. 现在给自己一个挑战：把细绳变成18英寸长。

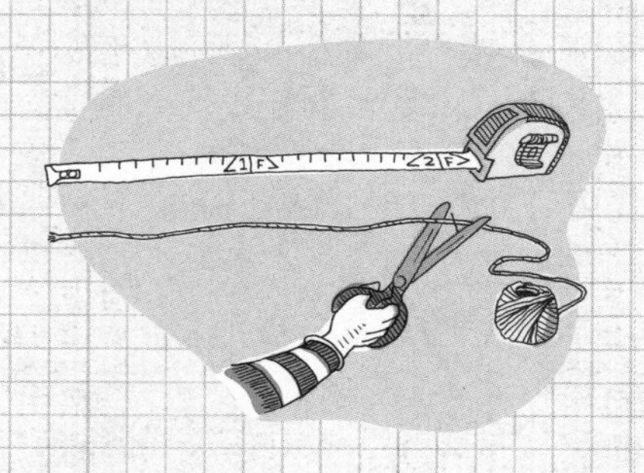

提示：2英尺等于24英寸，18是24的$\frac{3}{4}$，所以你要找到细绳的$\frac{3}{4}$位置。

3. 因为1码等于36英寸，所以你的工作相当于把$\frac{2}{3}$码变成$\frac{1}{2}$码。

4. 重复挑战中的解答步骤，把细绳对折，接着把对折得到的其中一半再次对折……然后把第二次对折的那部分展开，就可以得到$\frac{3}{6}$码即$\frac{1}{2}$码了。

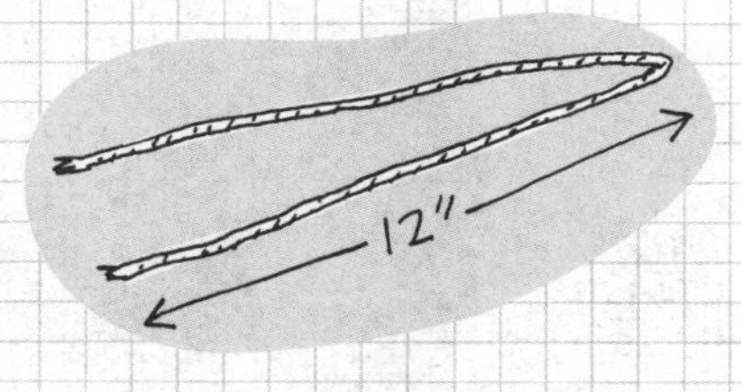

只要你有足够的把握，你还可以用它来考你的朋友，或者用相同的技巧设计新的挑战。

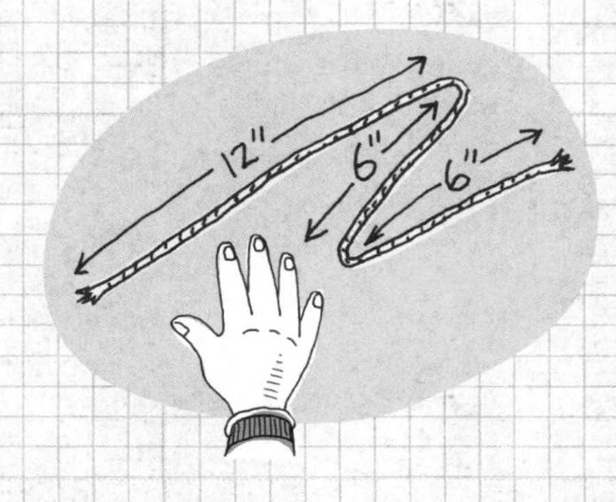

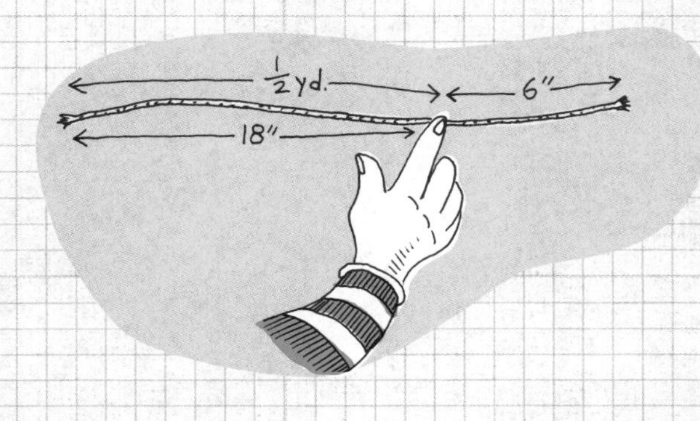

脑力锻炼

1089的戏法

你可以为你的朋友表演这个有意思的戏法。请确保他有纸和笔，因为他需要做一些计算。表演这个戏法的最好方式是蒙住你自己的眼睛或背对着你的朋友。

你要喊出“第一步”“第二步”等等，并把每个步骤逐字逐字清晰地告诉你的朋友。练习一下这套程序，直到把它背下来：

第一步：想一个三位数，要求从左至右的各位数递减，把它写下来。

第二步：把刚才写下的数反转地写出来，使从左到右的各位数递增。

第三步：用第一步的初始数减去第二步得到的数。

第四步：把第三步得到的数反转地写出来。

第五步：把第三步和第四步得到的数加起来。

说到这里，你稍作停顿，然后告诉他们，答案是1089！

只要开始时的三位数从左到右的各位数递减，总是会得到同样的结果。

图书在版编目(CIP)数据

冲破数学困境:24个死里逃生的实验/(美)肖恩·康诺利著;江春莲,冯琳,鲁磊译.—上海:上海科技教育出版社,2020.6
(惊险至极的科学)
书名原文:The Book of Perfectly Perilous Math
ISBN 978-7-5428-7252-4

Ⅰ.①冲… Ⅱ.①肖… ②江… ③冯… ④鲁… Ⅲ.①数学-普及读物 Ⅳ.①01-49

中国版本图书馆CIP数据核字(2020)第044019号

责任编辑 卢 源
装帧设计 符 劼

惊险至极的科学
冲破数学困境——24个死里逃生的实验
[美]肖恩·康诺利(Sean Connolly) 著
江春莲 冯 琳 鲁 磊 译

上海科技教育出版社有限公司出版发行
(上海市柳州路218号 邮政编码200235)
www.sste.com www.ewen.co
各地新华书店经销 启东市人民印刷有限公司印刷
ISBN 978-7-5428-7252-4/G · 4250
图字 09-2012-041

开本 720×1000 1/16 印张 15.5
2020年6月第1版 2020年6月第1次印刷
定价:55.00元

The Book of Perfectly Perilous Math
24Death-defying Challenges for Young Mathematicians
By
Sean Connolly
First published in the United States by Workman Publishing Co.,
Inc. under the title: The Book of Perfectly Perilous Math

Published by arrangement with Workman Publishing Company, New York
This edition arranged with Workman Publishing Co.
Through Big Apple Agency, Inc., Labuan, Malaysia.